环境保护与垃圾处理技术研究

杨 博 许 莉 张跃威 著

中国商业出版社

图书在版编目（CIP）数据

环境保护与垃圾处理技术研究 / 杨博，许莉，张跃威著. -- 北京 : 中国商业出版社，2024. 10. -- ISBN 978-7-5208-3183-3

Ⅰ. X

中国国家版本馆CIP数据核字第202465234X号

责任编辑：许启民

策划编辑：武维胜

中国商业出版社出版发行

（www.zgsycb.com　100053　北京广安门内报国寺1号）

总编室：010-63180647　编辑室：010-83128926

发行部：010-83120835/8286

新华书店经销

廊坊市旭日源印务有限公司印刷

*

787毫米×1092毫米　16开　8.75印张　150千字

2024年10月第1版　2024年10月第1次印刷

定价：55.00元

*　*　*　*

（如有印装质量问题可更换）

PREFACE
前　言

随着全球化进程的加速和人口的不断增长，环境保护已成为全人类共同关注的话题。垃圾处理作为环境保护中的重要一环，其技术的研究与应用对于维护生态平衡、促进可持续发展具有不可替代的作用。本书旨在深入探讨垃圾处理的前沿技术，分析当前面临的挑战，并提出解决方案，以期为环境保护事业贡献力量。

本书第一章从环境保护与管理的相关知识出发，对环境保护与管理进行了系统介绍；第二章主要阐述了垃圾分类的方法、处理与误区，是对垃圾分类的基础认知；第三章阐述了固体废物的处理与预处理，能够有效指导相关从业者进行固体废物处理；第四、五、六章分别阐述了城市生活垃圾、建筑垃圾、电子垃圾的处理技术，清晰、有条理地阐明了不同垃圾的处理技术。总的来说，本书内容丰富，注重方法，能为相关从业者提供有效帮助。

环境保护是一项长期而艰巨的任务，垃圾处理技术的研究与应用是实现这一目标的关键。本书希望通过深入的分析和研究，为读者提供有价值的信息和启发，共同为建设一个更加清洁、绿色、可持续的世界而努力。

CONTENTS

目 录

第一章 环境保护与管理

第一节 环境保护基本知识

一、生态与生态文明

（一）生态

“生态”一词源于“生态学”。“生态学”最早是由德国生物学家海克尔在《有机普通形态学》一书中首次提出“Oekoloie”这一科学术语，英文为“ecology”（生态学）。ecology这个术语来自希腊语，由两个希腊词根“oikos”（住所、栖息地或生境）和“logos”（科学）拼成，合起来是“关于生物生活环境的科学”。生态学被定义为研究有机体与其周围环境相互关系的科学。

由于人类面临着环境、人口、资源等关系到人类生存的许多重大问题，而这些问题的解决往往依赖于生态学原理。因此，生态学一跃成为世人瞩目的科学。虽然“生态”一词已成为一个流行词，但很多人并没有真正理解这个词，以为天蓝、地绿、水清就是生态了，其实它的内涵要广得多。

首先，生态是一种关系，是指包括人在内的生物与周围环境间的一种相互作用关系。

其次，生态是一门学问：一是哲学，是人们认识自然、改造自然的世界观和方法论；二是科学，是研究包括人在内的生物与环境之间相互关系的系统科学；三是工程学，是模拟自然、生态结构、功能、机理来建设人类社会和改造自然的工程学或工艺学；四是美学，是人类品味自然、享受自然的审美观。

最后，生态是“生态关系和谐”“生态良性循环”或“生态化”的简称，如生态城市、生态旅游、生态文化等。根据词义学上约定俗成和从众原则，这类含义已逐渐被国际社会所公认。所谓生态化，其内涵是将生态学原则渗透到人类的全部活动范围，用人和自然协调发展的观点去思考和认识问题，并根据社会和自然的具体可能性，最优地处理人与自然的关系。

（二）生态文明

生态文明是人类在利用自然界的同时又主动保护自然界、积极改善和优化人与自然关系而取得的物质成果、精神成果和制度成果的总和。传统工业文明导致了人与自然的对立，严重威胁了人类自身的生存和发展。生态文明坚持可持续发展的理念和要求，从文明的高度来统筹环境保护与经济发展之间的关系，通过生态文明建设在更高层次上实现人与自然、环境与经济、人与社会的协调发展。生态文明建设已经成为中国特色社会主义事业总体布局的重要组成部分，其内容涵盖先进的生态伦理观念、发达的生态经济、完善的生态制度、基本的生态安全、良好的生态环境等。

作为人类文明的一种高级形态，生态文明以把握自然规律、尊重和维护自然为前提，以人与自然、人与人、人与社会和谐共生为宗旨，以资源环境承载力为基础，以建立可持续的产业结构、生产方式、消费模式及增强可持续发展能力为着眼点，具有以下四个鲜明的特征：

一是在价值观念上，生态文明强调给自然以平等态度和人文关怀。人与自然作为地球的共同成员，既相互独立又相互依存。人类在尊重自然规律的前提下，利用、保护和发展自然，给自然以人文关怀。生态文化、生态意识成为大众文化意识，生态道德成为社会公德并具有广泛影响力。生态文明的价值观从传统的“向自然宣战”“征服自然”，向“人与自然协调发展”转变；从传统经济发展动力——利润最大化，向生态经济全新要求——福利最大化转变。

二是在实践途径上，生态文明体现为自觉自律的生产生活方式。生态文明追求经济与生态之间的良性互动，坚持经济运行生态化，改变高投入、高污染的生产方式，以生态技术为基础实现社会物质生产系统的良性循环，使绿色产业和环境友好型产业在产业结构中居于主导地位，成为经济增长的重要源泉。生态文明倡导人类克制对物质财富的过度追求和享受，选择既满足自身需要又不损害自然环境的生活方式。

三是在社会关系上，生态文明推动社会走向和谐。人与自然和谐的前提是人与人、人与社会的和谐。一般来说，人与社会和谐有助于实现人与自然的和谐；反之，人与自然关系紧张也会给社会带来消极影响。随着环境污染侵害事件和投诉事件数量的逐年上升，人与自然之间的关系已成为影响社会和谐的一个重要制约因素。建设生态文明，有利于将生态理念渗入经济社会发展和管理的各个方面，实现代际、群体之间的环境公平与正义，推动人与自然、人与社会的和谐。

四是在时间跨度上，生态文明是长期艰巨的建设过程。我国正处于工业化中期阶段，传统工业文明的弊端日益凸显。发达国家上百年出现的污染问题，在我国快速发展的过程中集中出现，呈现压缩型、结构型、复合型特点。因此，生态文明建设面临着双重任务和巨大压力，既要“补上工业文明的课”，又要“走好生态文明的路”。这决定了建设生态文明需要我们长期坚持不懈地努力。[①]

（三）生态文明提出的现实意义

建设生态文明是对中华优秀传统文化的理性汲取。中华优秀传统文化的一个重要特质在于十分重视“和”，讲求人际关系的和谐及人与自然关系的和谐。今天我们建设生态文明，应当认真汲取这种和谐理念，深刻认识和把握人与自然之间的关系。人与自然是不可分割的有机整体，与自然和谐相处、协调发展是人类发展主题中的应有之义。

建设生态文明是对传统工业文明的科学扬弃。传统工业文明在给人类带来巨大物质财富的同时，也造成了自然资源迅速枯竭、生态环境日趋恶化等问题，导致人与自然关系严重失衡，直接威胁到人类的生存和发展。传统工业文明日益凸显的弊端和难以摆脱的困境，促使人类深刻反思和不断觉醒，积极探寻在更高层次上实现人与自然的和谐。建设生态文明，不同于传统意义上的污染控制和生态恢复，也不是放弃工业化，而是对传统工业文明的扬弃和超越，使工业化、生态化相互融合，从而推动资源节约型、环境友好型社会的发展。

建设生态文明是中国可持续发展的迫切需要。长期以来，我国经济增长方式粗放，能源资源消耗过快。长此以往，资源支撑不住，环境容纳不下，社会承受不起，发展难以持续。这些年，尽管我国环境保护工作取得积极进展，但面临的环境形势依然十分严峻，长期积累的环境矛盾尚未解决，新的环境问题又陆续出现。主要污染物排放超过环境承载力，水、大气、土壤的污染相当严重，环境污染源日趋复杂。随着经济总量不断增长和人口持续增加，污染物产生量还会增多，而保护环境的压力将进一步加大。因此，建设生态文明，推动发展方式转变、产业结构调整，对于节能降耗、保护生态环境、实现经济社会全面协调可持续发展、提高我国在国际上的综合竞争力都至关重要。

二、环境与生态环境

（一）环境

所谓环境，是指某一特定生物体或生物群体以外的空间，以及直接或间接影响该生物体或生物群体生存的一切事物的综合。环境总是相对于某一中心事物

①刘芃岩，郭玉凤，宁国辉，等.环境保护概论[M].北京：化学工业出版社，2024.

而言，并作为某一中心事物的对立面而存在。它因中心事物的不同而不同，随中心事物的变化而变化。与某一中心事物有关的周围事物，就是这个中心事物的环境。

对于环境科学来说，中心事物是人。“环境”就是指以人类社会为主体的外部世界的总体。也可以说，环境就是人类生存环境，指的是围绕人类周围的客观事物的整体，它既包括自然环境，也包括社会环境，或者指围绕着人类空间，以及其中可以直接或间接影响人类生活和发展的各种自然因素和社会因素的总体。

（二）生态环境

“生态环境”一词最初的来源应该是生态学，其中心事物是生物。

生态环境是指环境要素中对生物起作用的因子的总体。例如，光照、温度、湿度、水分、氧气、二氧化碳、食物和其他生物等，这些因子是生物生存所不可缺少的环境条件。环境要素中对生物起作用的各种因子并不是孤立存在的，而是相互作用的，生态环境是由生物群落及非生物自然因素组成的各种生态系统所构成的整体。

生态环境与环境是两个在含义上十分相近的概念，有时人们将其混用。但严格说来，生态环境并不等同于环境。环境的外延比较广，各种外部因素的总体都可以说是环境，但只有具有一定生态关系构成的系统整体才能称为生态环境。仅由非生物因素组成的整体，虽然可以称为环境，但并不能叫作生态环境。从这个意义上说，生态环境仅是环境的一种，二者具有包含关系。

第二节 环境保护法

法律是体现统治阶级意志，由国家制定、认可并强制执行的调整社会关系和行为的准则或规范。环境管理的法律手段，是在环境问题日益成为当今世界的一个严重社会问题的现状下，为了保护环境，在法律上形成的具有独特性质的法律体系。环境保护法所涉及的问题是人类及其生存环境之间的关系问题，它用法律来调节人类生活与生产活动对环境的影响，运用法律手段影响人类行为，协调社会经济发展与环境保护的关系。因此制定环境保护相关法律体系是环境管理工作的重要内容，是环境管理的依据和支柱。

一、环境保护法的定义和基本原则

（一）环境保护法的定义

环境保护法也叫环保法，是指调整人们在开发、利用、保护和改善环境的活动中所产生的各种社会关系的法律规范的总称。其目的是协调人类与环境的关系，保护人民健康，保障社会经济的持续发展。

这个定义在以下三个方面确立了环保法的内涵：①环境立法的目的在于保护和改善环境，警惕和预防人为原因造成对环境的侵害；②环保法调整对象的范围，包括全部与环境相关的人为活动；③环保法体系的范畴，包括其他调整与环境相关的社会关系部门法的法律规范。

应当注意的是，在给环保法下定义时，一般不将对因灾害而导致的环境破坏所实施的法律控制纳入环保法的内涵之中。这也是各国环保法学家通常的做法。

根据我国环境保护法规定，我国环境保护法有两项任务：①保证合理地利用自然资源，自然资源也是自然环境的重要组成部分。②保证防治环境污染与生态破坏。防治环境污染是指防治废气、废渣、粉尘、垃圾；防治生态破坏是指防治滥伐森林、破坏草原、破坏植物、乱采滥挖矿产资源、乱捕滥猎鱼类和动物等。

环境保护法是为人民创造一个清洁、适宜的生活环境和劳动环境，以及符合生态系统健全发展的生态环境，以保护人民健康，为促进经济发展提供法律上的保障。

（二）环境保护法的基本原则

环境保护法的基本原则是环境保护方针、政策在法律上的体现，是调整环境保护方面社会关系的指导规范，也是环境保护立法、司法、执法、守法必须遵循的准则。它反映了环保法的本质，并贯穿环境保护法治建设的全过程，具有十分重要的意义。

1. 经济建设与环境保护协调发展的原则

按照经济规律和生态规律的要求，环境保护法必须认真贯彻“经济建设、城市建设、环境建设同步规划、同步实施、同步发展的三同步方针”和“经济效益、环境效益、社会效益的三统一方针”。①

2. 预防为主、防治结合的原则

预防为主的原则，就是“防患于未然”的原则。环境保护中预防污染不仅可以尽可能地提高原材料、能源的利用率，而且可以大大减少污染物的产生量和排放

①王艳，万金泉．生态与环境保护概论[M]．北京：化学工业出版社，2024.

量,减少二次污染的风险,减少末端治理负荷,节省环保投资和运行费用。“预防”是环境保护第一位的工作。然而,根据目前的技术、经济条件,工业企业要想做到“零排放”也是很困难的,所以还必须与治理相结合。

3. 污染者付费的原则

污染者付费的原则通常称为“谁污染,谁治理”“谁开发,谁保护”原则,其基本思想是明确治理污染、保护环境的经济责任。

4. 政府对环境质量负责的原则

环境保护是一项涉及政治、经济、技术、社会各个方面的复杂又艰巨的任务,是我国的基本国策,关系到国家和人民的长远利益。解决这种带有全局性、综合性很强的问题,是政府的重要职责之一。

5. 依靠群众保护环境的原则

环境质量的好坏关系到广大群众的切身利益,因此保护环境不仅是公民的义务,也是公民的权利。

二、环境保护法的特点和目的

环境保护法是调整环境保护中各社会关系的法律规范的总称,是指国家、政府部门根据发展经济、保护人民身体健康与财产安全、保护和改善环境需要而制定的一系列法律法规。环保法规迅速成为一门新兴的独立法律分支,是和近几十年来世界很多国家和地区环境严重恶化,以至于需要国家、政府部门干预这种情况相联系的。

(一)环境保护法的特点

我国的环境保护法除了具有法律的一般特征外,还有以下特点。

第一,科学性。环保法是以科学的生态规律与经济规律为依据的,它的体系原则、法律规律、管理制度都是从环境科学的研究成果和技术规范总结出来的。

第二,综合性。环保法所调整的社会关系相当复杂,涉及面广、综合性强。其既有基本法,又有单行法;既有实体法,又有程序法;而且涉及行政法、经济法、劳动法、民法、刑法等有关内容。

第三,区域性。我国是一个大国,区域差别很大,因此我国的环保法具有区域性特点。各省市可根据本地区实际制定相应的地方性法规和地方标准,体现地区间的差异。

第四,奖励与惩罚相结合。我国的环保法不仅要对违法者给予惩罚,而且要对保护资源、环境有功者给予奖励,做到赏罚分明。这是我国环保法区别于其他国家法律的一大特点。

（二）环境保护法的目的

环境保护法的目的规定主要包含了两个方面的内容:一是它的任务,就是保证在社会主义现代化建设中,合理地利用自然环境,防治环境污染和生态破坏,为人民造就清洁适宜的生活和劳动环境;二是它的目的,就是保护人体健康,促进经济发展。

第三节　环境管理的基本理论

一、系统论

（一）系统论的基本观点

系统论是运用逻辑和数学方法,研究一般系统运动规律的理论。其数学方法是系统论研究一般系统运动规律的定量化方法,是用来揭示系统内部子系统之间相互联系和制约关系的手段。逻辑方法则是系统论研究一般系统运动规律的定性思维方法,蕴含着思想方法论的成分。两者结合起来便形成了丰富而深刻的内容。系统论的基本观点可以概括为以下四个方面。

1. 整体性观点

系统论旨在揭示要素和整体之间的关系,告诉人们认识和处理问题时要坚持一切从实际出发,不仅要把研究对象作为系统整体来认识,而且要将研究过程看作系统整体。

在环境管理中,不但要将环境问题视为社会发展的整体问题来研究,而且要将环境问题的解决过程视为一个系统整体。同时,在一定的人力、物力、财力和技术条件基本不变的情况下,从产业结构调整和合理工业布局入手,加强宏观调控,加快环境管理机构和体制的改革,实现环境管理的合理组织、协调和控制,加快环境管理机构和体制的改革,实现环境管理的合理组织、协调和控制,从整体上促进区域可持续发展战略目标的实现。

2. 相关性观点

系统的相关性是指任何事物都处于联系之中,是关于系统各要素之间相互关联的特征,即系统中任何要素都存在运动变化并与其他要素有关联。因此,要处理一个系统要素,就必须考虑该要素的影响与作用。把可处理的客观事物与所要解决的问题作为更大的系统要素来研究，这就是系统论的相关性观点。

环境问题的产生与人类的社会活动与经济活动息息相关。而环境问题的解决同样与人类的经济活动、人类的社会进步密不可分。因此，环境管理就必须将环境问题与经济问题和社会发展问题联系起来，研究它们之间的相互关系、相互作用与影响，通过改变人类的生产方式和消费方式来调整生态、经济与社会三者之间的相关性，实现人类环境与社会经济的协调、稳定、可持续性发展。

3. 有序性观点

系统的有序性是指系统内部诸要素在一定空间和时间方面的排列顺序，以及运动转化中的有规则和规律的属性。这个理论实际上就是现代管理科学中分级管理、指标或功能分解原则的基础。系统的有序性观点旨在揭示系统结构与功能的关系，通过对系统要素的有序组合而实现系统总体功能的优化。

环境管理就是要求提高生态—经济—社会系统在时间、空间及功能等方面的有序性，力争在原有要素不变的情况下，通过提高结构的有序程度实现经济建设与环境保护的协调发展。

4. 动态性观点

动态性观点就是对系统开放特征的反映和总结。它旨在揭示系统状态同时间的关系，告诉人们要历史地、辩证地、发展地考察和认识对象系统，处理好系统与环境的动态适应关系。

要解决如今的环境问题，就要从环境问题产生的历史背景和原因出发，整体、全面、动态地看待环境的状况；在正确分析历史背景和原因的基础上，运用发展的观点认识环境问题，并对其进行科学的预测，以研究和探讨环境问题的发展规律，只有这样才能正确地制定如今的环境战略与环境对策。

（二）环境管理的系统论原理

环境管理的系统论含义。针对环境管理而言，主要是从系统论视角的管理定义与方式内涵来指导环境管理。从系统论的视角出发，管理是指在一定的环境中，有关人员通过计划、组织、领导和控制等手段对组织所拥有的人、财、物、信息等资源进行配置和协调，以达到组织目标的过程和活动。这个定义说明系统论视角的管理有五个要素，即管理环境、管理目标、管理主体、管理客体和管理手段。

环境系统工程。环境系统工程是对环境系统进行合理规划、设计和运行管理的思想、组织和技巧的总称，是系统工程的一个专业门类，也是系统工程方法在环境系统上的应用。它一般是按照所研究系统的性质不同而分类的。

系统分析。系统分析是对一个系统内的基本问题用系统的观点与思维推理，在确定与不确定的条件下，探索可能采取的方案，通过分析对比，为达到预期目标选出最优方案的过程。一般是通过分析比较各种替代方案的费用、效益、功能和可靠性等各项技术经济指标，得出可供决策者决策所必需的信息和资料，以获得最优方案。

科学的环境管理系统建设。系统论的基本思想方法实质上就是把研究对象当作一个系统，分析系统结构和功能，研究系统、要素、环境三者的相互关系和变动的规律性，进而找出优化系统。当前针对资源与环境问题以及可持续发展战略的提出与深化，从系统论角度来分析资源环境的科学管理体系的研究与应用，也为环境管理提供了帮助。[①]

二、控制论

管理就是控制，开展有效的环境管理实质上就是对社会各个领域中人们的各种行为进行有效的控制。因此，控制论与环境管理之间有着密切的联系和极为相似的特征，环境管理中处处体现了丰富的控制论思想和方法。

如果说系统论是侧重于对系统的结构和运行规律的研究，为人们认识和研究系统提供了崭新的世界观和方法论的话，那么控制论则侧重于研究施控主体对受控系统的影响方式和规律性，追求对系统的适时调控及其方案的最优实施，从而为人们认识和改造系统，为现代管理特别是环境管理提供了又一崭新的方法论基础。

（一）研究内容

控制论最初是以系统中的信息传递、变换和控制为对象，研究技术装置的自动控制问题。诺伯特·维纳所著《控制论》的副标题“关于在动物和机器中控制和通信的科学”是对控制论这一概念的科学注释。首先，维纳把动物和机器这两类表面上毫不相干的东西联系起来，考察它们的共性即共同本质和规律。其次，考察了动物和机器在其行为和功能方面的共同本质和规律。这二者之间为什么会有这种相似性？维纳的研究表明，动物和机器都存在共同的控制和通信。最后，控制和通信都与主体目的直接相关，都是主体有目的地活动，即通过保持或改变对象系统的某种状态以达到主体的预期目的。因此，研究对象系统的状态变化与主体目的的关系就成为控制论所要解决的核心问题。后来，控制论扩展到对生物体和人类组织等复杂系统的行为与结构的研究。控制论所研究的对象系统都是开放、有目的的动态系统，这些系统包括非生命系统的自动化装置、生命系统、生物系统、生态系统、

①蒋利，李玉梅．环境监测与生态环境保护研究[M]．长春：吉林科学技术出版社，2024.

经济系统、社会系统、生态—经济系统、生态—经济—社会系统等。因此,控制论是以一切有目的的开放系统为研究对象,以开放系统自动控制为研究内容的理论。

(二)控制与控制论系统

什么是控制,这是控制论中着重回答的问题。所谓控制,就是控制者对被控制者或者是施控主体对受控客体所施加的一种能动作用。控制的实质是保持或改变受控对象的某种状态,使其达到施控主体的预期目的。例如,环境管理就是管理者对被管理者施加的一种能动作用,使被管理者按照管理者的要求来调整自己的生产、消费和社会行为,以符合环境准则。凡是控制,总有控制者和被控制者。这表明:首先,控制系统由两部分组成,即施控主体和受控对象。施控主体可以是人,也可以是机械装置;受控对象可以是人,也可以是受控装置。其次,控制是主体对客体的影响或作用,并通过一定的行为表现为一种能动的活动或过程。最后,控制的目的在于通过控制主体对受控对象进行的某种有序作用或影响,并在不断的反馈调节中将受控对象导向预定目标,即通过保持或改变受控对象的行为或特定状态而实现控制目的。

控制目的是在对受控对象的有效调节中实现的。因此,实现系统的控制目的离不开反馈。准确地说,只有负反馈才使得一个控制过程得以趋向目标值。这就是说,一切有目的的行为都可以看作需要负反馈的行为,技术系统与生物系统一般都是通过负反馈来达到控制目的的。

第四节　环境管理的技术手段

一、环境监测

“环境监测”最初是监测核设施产生的放射性物质对人及周围环境的影响。随着环境污染问题的日益突出,监测的内涵也逐步扩大,即由工业污染源监测逐步走向大环境的监测。也就是说,仅对单个污染物短时间的取样分析即污染源监测无法判断环境好坏,因此需要进行环境监测,即得到各种污染因素在一定范围内的时空分布数据,这样才能对环境质量做出确切的评价。这项任务单靠某一种手段(如化学分析)是难以完成的,必须和先进的物理或物理化学等各种测试手段相结合才能完成。所以,环境监测就是用包括计量和测试等科学的方法和手段监视和检测代表环境质量及发展变化趋势的各种数据的全过程。环境监测的上述含义主要是从技术角度来讲的;结合法规的角度,环境监测的定义应表述为由环境监测机构按照规定的程序和有关法规的要求,对代表环境质量及发展趋势的各种环境要素进行技术性监视、测试和解释,对环境行为符合法规情况进行执法性监督、控制和评价的全过程操作。目前,"监测"一词的含义可理解为监视、测定、监控,因此环境监测就是通过对影响环境质量因素的代表值的测定,确定环境质量或污染程度及其变化趋势。它是环境管理工作的一个重要组成部分,是通过技术手段测定环境质量因素的代表值以把握环境质量的状况。随着科学技术的发展,环境监测也由小尺度的监测(如工业方面的污染源监测)逐步发展到大尺度多方位的环境监测(如对各省市空气质量的定时监测),监测对象不仅是影响环境质量的污染因子,还延伸到生物、生态变化等方面。

环境监测的基本环节是布点、采样、分析测试、数据处理、综合评价和对策建议。环境监测必须对各环境要素进行布点和采样的总体方案设计,以取得有合理置信度的空间、时间代表性的样品。在分析测试、数据处理后,要将有关因素联系起来进行综合评价,提出控制对策。同时,还要进行预测预报,以便采取调控措施。①

(一)环境监测的分类及其基本要素

1. 环境监测的分类

环境监测依据不同标准,可以划分成多种类型,按其目的和性质可分为三类。

(1)监视性监测(常规监测或例行监测)

监视性监测是监测工作的主体,是监测站第一位的工作。这类监测包括以下两个方面:①污染源监测,其任务是监测污染物浓度、负荷总量、时空变化等,掌握污染状况及其发展趋势,为强化环境管理,贯彻落实有关标准、法规、制度等做好技术监督和提供技术支持。这是企业监测站的工作重点,其工作质量是环境监测水平的标志。②环境质量监测是指对大气、水质、土壤、噪声等各项环境质量因素状况进行定时、定点的监测分析,以便了解和掌握环境质量的状况和变化趋势,为环境管理和决策提供依据。

(2)特定目的的监测

为某一目的而进行的特定指标的监测,主要包括以下四个方面:①污染事故监测主要是指在确定紧急情况下发生的污染事故的污染程度、范围和影响等。②仲裁监测主要是为有关部门处理污染问题提供公正的监测数据,以便解决环保执法

①杨阳.生态环境保护问题的国际进程与决策选择[M].太原:山西经济出版社,2024.

过程中发生的矛盾和纠纷。③考核验证监测主要是指设施验收、环境评价、机构认可和应急性监督监测能力考核等监测工作。④咨询服务监测主要是指为科研、生产等部门提供有关监测数据,为社会承担一些科研咨询工作等。

(3)研究性监测(科研监测)

研究性监测属于较复杂的高水平监测,需经周密计划、多学科协作共同完成。例如,开展污染物本底值调查、统一监测方法、研制标准物质等。

此外,按监测方法的原理,环境监测可分为化学监测、物理监测和生物监测;按污染物受体可分为大气监测、水体监测、土壤监测和生物监测;按污染性质可分为化学污染监测、物理污染(噪声、热、振动、放射性等)监测和生物污染(细菌、病毒等)监测。

2. 环境监测的基本要素

在环境监测活动中,监测者(监测机构)—监测对象—监测数据是相互关联的基本要素。除此之外,监测方法和监测结果也是基本要素。因为没有正确的监测方法,就得不到正确的数据;而没有结论的监测活动,是无目的的监测活动,这种活动没有任何意义。

(1)监测机构

由于环境监测的效益是社会公益性的,而且直接应用于环境管理,与环境管理有密切关系,因而监测机构的设置既要掌握环境质量的现状、规律及发展趋势,又要满足管理部门的要求。建立的监测网络既具有收集、传输环境质量信息的功能,又具有组织管理的功能。

我国监测网络的设置结合国情,采用分级管理、条块结合的方式。国家、省、市、县及大型企业依据掌握本地区环境质量状况的需要,规定各自的控制点位和数量。同时,建立横向监测网络,如各水系、海洋、农业等部门环境监测协作网、污染源监测网等。

(2)监测对象

实际工作中,由于受各种条件的限制,要对监测项目进行必要的筛选,选出对解决现有问题最关键和最迫切的项目。

在选择监测对象时,应从以下三个方面考虑:①对污染物的性质,如化学活性、毒性、扩散性、持久性、生物分解性和积累性等做全面分析,从中选择影响面广、持续时间长、不易分解而使动植物发生病变的物质作为例行监测项目;对于特殊目的和情况,则根据需要选择所要监测的项目。②对所要监测的项目必须有可靠的监测手段,并保证能获得有意义的监测结果。③对监测所获得的数据,要有可比较的标准或能作出科学的解释，如果监测结果无标准可比，又不了解其对人体和动植物的影响，将使监测结果陷入盲目性。

（3）监测方法

环境监测的对象极为复杂，要得到满意的监测结果，实现既定监测目的，监测方法的选择极为重要。

近年来，环境监测方法发展的明显趋势包括以下四点：①布点优化。以最少的测点和测次获取最有代表性的数据。监测布点的优化研究是监测方法不断发展的重要标志。②质量保证系统化。质量保证工作由限于实验室内部的质量控制向监测全过程发展，形成贯穿监测全过程的质量保证体系。③分析方法标准化，分析技术连续自动化。目前有不少自动分析仪器已被正式定为标准的分析方法，如比色分析、离子选择电极、原子吸收光谱、气相色谱、液相色谱等自动分析方法及相应的仪器。④多种方法和仪器联合使用日益增多，极大地提高了环境监测效率，如色谱—质谱—计算机联用，能快速测定挥发性有机污染物，用于废水监测分析，可监测200种以上的污染物。计算机的应用也日益深入环境监测的各个环节。

（4）监测数据

监测数据是环境监测工作的产品，并通过它来展示环境监测的重要作用。环境监测必须具备的基本特性是准确、精确、完善、可比、具有代表性。同时，数据传输要快，要有流畅的数据、资料流通渠道，完善的监测网络，完整的数据报告制度，使用计算机管理是及时传输数据资料的基本保证。

监测数据的加工利用取决于加工方法的正确性和综合分析的科学性，加工方法主要涉及数理统计的内容。

（5）监测结果

一切监测活动的目的，都是取得监测结果。监测结果一般有两种形式：一是实测结果，主要是各种监测结果表格，如环境监测年鉴属于实测结果的汇编，年鉴中对监测数据只做分类、筛选、整理，并不做评价；二是评价结果，如各种环境质量报告，包括月报、季报、环境质量报告书等。

（二）环境监测的目的和任务

1. 环境监测的主要目的

环境监测的目的是准确、及时、全面地反映环境质量现状及发展趋势，为环境管理、污染源控制、环境规划等提供科学依据。主要包括以下五个方面。

第一，评价环境质量，预测环境质量发展趋势。具体如下所述：①提供代表环境质量现状的数据，并判断环境质量是否符合国家环境质量标准。②对污染物及其浓度(强度)作时间和空间方面的追踪,掌握污染物的来源、扩散、迁移、反应、转化,了解污染物对环境质量的影响程度,并在此基础上对环境污染做出预测、预报和预防,判断污染源造成的影响,判断污染浓度最高和潜在问题最严重的区域,评价防治对策和治理措施的实际效果。

第二,为制定环境法规、标准、环境规划、环境污染综合防治对策提供科学依据,并全面检视环境管理的效果。具体如下所述:①积累大量的、不同地区的污染数据,结合当前和今后一段时间内我国技术经济水平,制定切实可行的环保法规和环境质量标准。②通过大量监测数据验证和建立污染模式,科学地预报污染发展趋势,为决策提供以实测数据为依据的可靠资料。③为开展环境影响评价提供数据,提供预测模式,提供可类比地区的环境质量状况,使环境影响评价的结果尽可能符合实际。④随时监测环境质量的变化,为不断修正环境法规、标准、环境规划、综合防治对策提供数据,使之不断完善,使全面环境管理切实可行。

第三,收集本底数据,积累长期监测资料,为研究环境容量、实施总量控制、目标管理、预测预报环境质量提供数据。

第四,揭示新的污染问题,探明污染原因,确定新的污染物质,研究新的监测分析方法,为环境科研提供方向。

第五,为保护人类健康、保护环境,合理使用自然资源,制定环境法规、标准、规划等服务。

2. 环境监测的任务

第一,对环境中各项要素进行经常性监测,及时、准确、系统地掌握和评价环境质量状况及发展趋势。

第二,对污染源排放状况实施现场监督监测和检查,及时、准确地掌握污染源排放状况及变化趋势。

第三,判断环境质量是否合乎国家制定和修订的环境质量标准,定期做出环境质量报告。

第四,开展环境监测科学技术研究,预测环境变化趋势并提出污染防治对策与建议。

第五,开展环境监测技术服务,为经济建设、城乡建设和环境建设提供科学依据。

第六,为政府部门执行各项环境法规标准、全面开展环境管理工作提供准确、可靠的监测数据和资料。

（三）环境监测及监测对象的特点

1. 环境监测的特点

(1)环境监测的综合性

环境监测的综合性是指监测手段的综合与监测对象的综合。环境监测手段包括化学、物理、生物、物理化学、生物化学及生物物理等一切可以表征环境质量的方法，其监测对象包括空气、水体(江、河、湖、海及地下水)、土壤、固体废物、生物等客体，只有对这些客体进行综合分析，才能确切地说明环境质量状况。同时，对监测数据进行统计处理、综合分析时，须涉及该地区的自然和社会各个方面的情况，因此必须综合考虑才能正确阐明数据的内涵。

(2)环境监测的连续性

由于环境监测对象大多成分复杂、干扰因素多、变化大，环境污染具有时空性等特点，参与环境监测工作的技术人员多、仪器设备多、试剂药品多，因此环境监测必须长期、不间断地进行，收集的数据必须具有连续性，这样才有可能消除各种可能出现的误差，获得比较准确的信息，也才可能揭示出环境污染的发展趋势。鉴于此，监测网络、监测点位的选择一定要有科学性，而且一旦监测点位的代表性得到确认，就必须长期坚持监测。要达到以上要求，必须尽可能采取自动化、标准化和检测网络化等先进手段。

(3)环境监测的追踪性

环境监测包括监测目的的确定、监测计划的制订、采样、样品运送和保存、实验室测定到数据整理等过程，是一个复杂而又有联系的系统，任何差错都将影响最终数据的质量。特别是区域性的大型监测，由于参加人员众多、实验室和仪器的不同，必然使得技术和管理水平不同。为使监测结果具有一定的准确性，并使数据具有可比性、代表性和完整性，还需有一个量值追踪体系予以监督。同时，环境监测部门向各方提供的数据具有权威性和法律性，所以必须保证监测数据的准确性、精密性、代表性和可比性。因而，也要求从采样到整理的各个环节建立环境监测的质量保证体系，起到时刻追踪的作用。

(4)环境监测的系统性

要完成环境监测工作，获得可靠的数据、资料，就必须系统地把握住其一系列关键的基本环节，如布点和采样、分析测试、数据整理和处理、监测质量保证等。环境监测类似于生产过程，必须解决工艺定型化、分析方法标准化、监测技术规范化等各个环节的问题。

此外，环境样品的组成极为复杂，随机变化明显，其浓度范围宽，性质各异，而且物质因素之间处于动态平衡状态。在不同的水文地球化学环境中其平衡状态各异，所以待测物的浓度表现出时间分布上的变化。因此，监测的数据应具有符合监测计划要求的时间和空间的代表性和完整性。

2. 监测对象的特性

环境监测的对象涉及自然与社会的各个方面，既包括污染源与相关环境要素的因子、参数与变量，也包括追踪初级污染造成的环境影响。其具有以下特征。

(1)多样性

企业的污染源及其污染物在各个部门、各个阶段、各个时序的分布是十分多样化的，而对环境的直接影响和潜在影响也非常广泛。

环境监测的对象不仅有基本化学污染物质，还应考虑能量污染因素及污染物不同的价态、状态等问题。同一种污染物还有可能广泛存在于不同的介质中，并且具有不同的形态。同时，造成环境污染的危害往往是多种污染物联合作用及污染物间综合效应的结果。各污染物对人或生物体的毒性有的具有相加、相乘作用，有的则为单独或相抵消作用。上述这些都是环境监测中不可忽视的因素。

(2)变动性

污染物的不稳定性和环境条件的时空变化是导致监测对象具有变动性的根源。废水中蒸汽组分的冷凝，会导致其他组分含量的变化；如果样品中的两种(或多种)污染物在储存时发生了反应，产生了新的化合物，就会从根本上改变测定结果。

环境污染物质大多数具有变异性大的特点。首先，环境污染物质同排放的污染物性质、状态、浓度及排放情况有关；其次，在不同气象条件下，污染物的浓度是随时间、空间而变化的；最后，污染物在环境中可能发生的物理、化学作用及生物分解也是引起待测物变异的重要原因。

由于具有上述特点，环境监测中选择合适的采样周期和具有代表性的采样地点，发展连续监测系统是非常重要的。

(3)代表性

鉴于监测对象的多样与多变，监测必须根据环境保护管理工作的重点、难点和环境问题的热点、焦点，也就是根据确定的监测目的和重点，慎重地选择有代表性的、有针对性的监测对象，并且在整个监测过程中保持这种代表性。突出重点、兼顾一般，准确地把握针对性，从而保证代表性。

(4)待测物含量低

环境污染物，特别是自然本底值的含量极微，属于痕量和超痕量分析范围。同时，监测区域变化大，从对数十千米的大区域内污染分布进行监测，到对只有1μm大小气溶胶颗粒化学性质的分析，显然，区域变化是极大的，给监测带来了很大的困难。

(5)待测物的毒性大

污染物的毒性是指它侵入机体后与其体液或组织发生化学和物理作用，在达到一定程度时产生的病理改变。具有剧毒的污染物，即使痕量存在，也会危及人或生物的生命。

（四）环境监测的程序与方法

1. 环境监测的基本程序

环境监测就是环境信息的捕获—传递—解析—综合—控制的过程，在对监测信息进行综合解析的基础上，揭示监测数据的内涵，进而提出控制对策建议，并依法实施监督，从而达到直接有效地为环境管理和环境监督服务的目的。

(1)受领任务

环境监测的任务主要来自环境保护主管部门的指令，单位、组织或个人的委托、申请，监督机构的安排三个方面。环境监测必须有确切的任务来源依据。

(2)明确目的

无论监测的对象是什么，必然有其目的。目的不同，其监测要求也不同。监测者要根据任务下达者的要求和需求，确定针对性较强的监测工作。

(3)现场调查

根据监测目的要求，进行现场调查研究。调查的内容包括主要污染物的来源、性质及排放规律，污染受体(如居民地、学校、农田、水体、森林及其他)的性质和受体与污染源的相对位置(方位和距离)，水文、地理、气象等环境条件，必要时还需要调查有关历史情况等。

(4)方案设计

根据目的要求、现场调查资料和有关技术规范要求，认真做好监测方案设计，并据此进行现场布点作业，做好标识和准备工作。方案设计应确定测定的范围和项目，如采样点的数目和具体位置、采样的时间和频率、调配采样人员和运输车辆、实验室分析人员的分工安排、现场工作和实验室的联系、对监测报告的要求等。总之，计划中要体现出测什么、怎么测、用什么测、由哪些人来测及对测定结果如何评价等。

(5)采集样品

按照设计方案和规定的操作程序，实施样品采集，对某些需现场处置的样品，应按规定进行处置包装，并如实记录采样实况和现场实况。

(6)运送保存

按照规范方法需求，将采集的样品和记录及时安全地送往实验室，办好交接手续。

(7)分析测试

按照规定程序和规定的分析方法，对样品进行分析，如实记录检测信息，并根据分析记录计算污染物浓度，然后整理入表。

(8)数据处理

对测试数据进行处理和统计检验，整理入库(数据库)。

(9)综合评价

依据有关规定和标准进行综合分析，并结合现场调查资料对监测结果做出合理解释，写出研究(预测结论和对策建议)报告，并按规定程序报出。

(10)监督控制

根据主管部门指令或用户需求，对监测对象实施监督控制，保证法规政令落到实处。

(11)反馈处理

对监测结果的意见申诉和对策执行情况进行反馈处理，不断修正工作，提高服务质量。

2. 环境监测工作的组织实施

环境监测工作根据它的工作程序依次展开，而环境监测工作的组织管理就是按照程序规定的每一个环节来实施的。当一项环境监测任务的目的和对象确定后，环境监测工作就要根据一套科学的程序来组织，包括监测规划的拟定，技术方案的选择，监测网络的设计，质量保证和质量控制手段的建立，完整适用的采样和分析技术的选择，数据处理、分析、表达和评价方法的确立，信息的建立、输送及其利用等。

日常的环境监测计划是根据以下程序进行编制的。

(1)确定环境监测任务

环境监测任务分为日常的常规监测(对外环境的排放口、装置内排放口等)、规划性监测、应急性监测、评价性监测、考核性监测等类型。

(2)组成监测队伍、筹措监测条件

包括监测人员的上岗考核及监测队伍总体技术水平的评估、仪器设备的定时检验与校准、标准参考样品的准备等。

(3)选择科学、合理的技术方案

具体内容如下:①制订严格有序的监测计划(进行预调查,特别注意和生产运行工况的衔接及监测工作本身各个环节的连接);②确定监测分析的项目(根据监测任务的性质和要求、各种环境质量和污染物排放控制的标准和规范的规定,以及公众反映的迫切性和可操作性等进行选择);③确定采样方法(采样时段、采样技术与措施、采样部位、采样频率、样品的保存与运输等);④确定分析监测方法(方法的标准等级、适用范围以及方法的安全性、及时性、经济性、可操作性等);⑤确定质量保证/质量控制的程序和方法。

(4)撰写环境监测成果报告

具体内容如下:①数据的筛选、处理与统计;②调查时段相应生产装置运行情况的了解与汇总;③调查时段相关环境要素的质量水平、波动情况及其分析;④调查结论与建议。

(5)调查信息的保存、反馈及其利用

具体内容如下:①数据库的建立;②数据的网络化管理;③统计结果的反馈(月报、年报及年鉴);④局域网的信息发布。

3.环境监测方法

从技术角度来看,环境监测的方法多种多样,有物理的、化学的、生物的;从先进程度来看,有人工的,有自动化的。近年来,由于遥感技术、信息技术和数字技术的迅猛发展,环境监测的方法在日新月异地发展着、更新着,但不管什么方法,都取决于监测的目的和实际可能的条件。

用于环境监测的分析方法可分为两大类:一类是化学分析法;另一类是仪器分析法,也叫物理化学分析法。

化学分析法包括滴定法(酸碱滴定、氧化还原滴定、沉淀滴定和络合滴定)和重量法。这种方法的主要特点是:①准确度高,其相对误差一般为0.2%;②所需仪器设备简单;③灵敏度低,适用于高含量组分的测定,对微量组分则难以使用。

仪器分析法的种类很多,以测定光辐射的吸收或发射为基础的有分光光度法、紫外分光光度法、红外分光光度法、原子吸收分光光度法、荧光光度法、红外线吸收法、发射光谱法及火焰光度法等;以溶液的电化学效应为基础的有极谱法、恒电流库仑法、电导法、离子电极法、电位溶出法等;以色谱分离为基础,与适当的检定器配合后所得分离分析方法的有气相色谱法、高效液相色谱和离子色谱法等;此外,还有质谱法及中子活化法等。仪器分析法的共同特点是:①灵敏度高,适用于微量或痕量组分的分析;②选择性强,对试样预处理要求简单;③响应速度快,容易实现连续自动测定;④有些仪器分析法还可组合使用(如色谱法与质谱法的组合),使二者的优点得到更好的利用。与化学分析法相比,仪器分析法的相对误差较大,一般都是百分之几。此外,这类方法所用仪器的价格比较高,有的十分昂贵,在一定程度上影响了其他仪器分析法的广泛采用。

因此,在选择分析方法时,应根据测定目的,尽可能应用可靠性高的分析方法,同时也要考虑到采样效率、测定的界限、共存成分的影响、操作的难易及价格消耗等因素。不一定非要选用昂贵的精密分析仪器和高技术的测定方法,只要经过鉴定是完全科学的测定方法,即使有一定允许范围的误差,也可以应用于环境污染物的分析。为了便于测定数据的比较,应使用国内规定的标准分析方法或统一分析方法。

4. 主要监测工作程序示例

(1)污染源例行监测工作程序

排污单位向环保部门申报污染源情况;环保主管部门确定批准的监测项目、频率和方法;排污单位的监测机构按批准的监测项目、频率和方法实施例行监测;排污单位按期向环保部门和上级监测机构报告监测结果;排污单位主管部门据此采取措施,确保污染源达标排放;环保主管部门监测机构按规定对排污单位进行监督监测。

(2)污染源监督性监测工作程序

排污单位报告污染源例行监测情况;环保主管部门审批下达监督性监测计划;环保主管部门监测机构实施污染源现场监督监测;监测机构在规定时限内向排污单位出具监测监督报告,同时向环保主管部门反馈监测结果和处理建议;环保主管部门据此作出有关决定;监测机构对决定落实情况进行现场督查。

非正常情况下,污染源监督性监测也可根据环境保护工作需要和确定的重点,或针对排污单位临时状况,在排污单位未申报的情况下进行,但必须有合法依据或充足的执法理由。

(3)理性监测工作程序

环境监测机构涉及环境管理性的监测工作,主要有评价监测、质量监测和验收监测。

一般工作程序:建设单位(组织委托单位)向所属环境监测单位提出监测申请;监测机构(或环保主管部门)编制监测计划或方案,并通知申请单位;监测机构按计划(方案)进行现场监测作业,其主要内容包括对设施建设、运行及管理情况检查,设施运行效率测试,污染物(排放浓度、排放速率和排放总量等)达标排放测试,排放污染物对环境影响的监测等;监测机构依据有关标准、规范要求,对监测结果进行分析、综合、判断,形成结论和报告;在规定时限内向被监测单位出具监测报告;根据需要检查报告、建议、措施和指令落实情况。

(4)环境执法性监测监督工作程序

监测机构依据主管部门的委托和授权,履行部分执法监督职能,其范围主要包括仲裁监测、收费监测、排污总量检查监测和污染事故处理监测。其一般工作程序是:环保主管部门下达指令性监测监督任务计划(或争议方提出监测监督申请);监测机构制订监测监督工作实施计划;监测机构按计划实施现场监测,履行执法监督职权;在规定时限内形成督察结论建议,上报主管部门(或申请、委托单位)并获得其认可;向被督察单位下达整改或处罚指令;被监督单位执行落实情况的检查监督。

二、环境预测

(一) 环境预测的概念

所谓预测,就是对事物未来发展趋势和可能达到的水平作出估计和推断,或者说预测就是对事物未来的发展变化作出科学的分析。而环境预测则是根据过去和现在所掌握的环境方面的信息资料,对某个环境领域未来可能发生的潜在变化和发展趋势,以及采取某种环境对策后可能产生的环境效益所进行的一种预先估计与判断,是对环境发展趋势进行定性与定量相结合的轮廓描绘,为提出防止环境进一步恶化和改善环境的对策提供依据。

(二) 环境预测的工作程序

环境预测是一个动态过程,不同的内容、要求决定其工作程序也会不一样,但总的来说,环境预测的工作程序大致分为以下程序与步骤。

1. 准备阶段

(1)明确预测对象,确定预测目标

按照环境决策管理的需要,确定预测的对象、预测的目的与具体任务,这是进行预测的前提。由于它关系到预测工作的其他步骤,因此对于这一阶段工作的要求是目标明确、任务具体。

(2)确定预测时间

根据上述预测目的和任务的要求,规定预测的时间期限。

(3)制订预测计划

预测计划是预测目的的具体化,规划预测的具体工作,如安排预测人员、预测期限、预测经费、情报获取的途径等。

2. 进行信息收集与分析

(1)收集预测资料

环境预测必须有充分的历史和现实的数据,因此在明确任务之后,必须围绕环境预测目标,收集有关的数据和资料。这些数据资料的来源必须明确、可靠,结论必须正确、可信。

(2)资料的分析检验

由于资料和情报是预测的基础,因此数据、资料中必须包含可以反映预测对象的特性和变动倾向的信息。在这里,一方面要尽可能将有关原始资料收集完整;另一方面要对资料进行加工整理、分析和选择,剔除非正常因素的干扰,对各相关因素进行测定和调整。

(3)得出预测结果

将收集到的环境信息及有关的数据资料代入所建立的环境预测模型中计算,求出初步的环境预测结果。无论是定性还是定量预测,均需给出预测对象的预测结果。在对复杂环境的定量预测中,求解预测数学模型时,要多借助计算机给出预测的定量结果。

(4)检验预测的准确度

环境预测的初步结果往往不可能十分精确,因此还需要对预测结果进行分析、检验,以确定其可信程度。如果误差太大则需要分析产生误差的原因,以决定是否要对模型进行修改、重新计算,或者是对预测结果做必要的调整。

(5)输出预测结果

当预测结果满足精确度要求后,可将预测的结果给予输出,并按要求提交给决策部门,以制订环境管理方案。

三、环境审计

(一)环境审计概述

随着人们对自然资源及环境问题的日益关注,世界各国“绿色浪潮”逐渐兴起。“绿色”一词已成为有关环境问题的代名词,并深入人心。人们在追求“绿色”及经济可持续发展的过程中发现,传统的会计核算有许多不足,如未能将资源环境纳入会计成本核算中,不能如实披露资源、环境状况及环境经济责任问题。为弥补其不足,产生了环境会计,又称绿色会计。为了保证环境会计真实性、合法性,适应全球经济可持续发展,以披露自然资源、环境信息真实性为主的“绿色审计”——环境审计就应运而生了。这是环境审计产生的社会经济根源。国外许多学术会议都进行了专门介绍和讨论,美国、英国、加拿大、荷兰、挪威、芬兰等国已经开始实施环境审计,对排污企业排放污染物的性质、污染程度及清污费用或环境污染风险作出评估,并制定环境审计标准作为具体操作规范。

国际商会在专题报告中对环境审计的概念做了陈述,并得到了普遍的认同。“环境审计”是一种管理工具,它用于对环境组织、环境管理和仪器设备是否发挥作用进行系统的、文化的、定期的和客观的评价,其目的在于通过以下两个方面帮助保护环境:第一,简化环境活动的管理;第二,评定公司政策与环境要求的一致性,公司政策要满足环境管理的要求。

鉴于以上两种观点,大多数学者认为,环境审计是指审计机构接受政府授权或其他有关机关的委托,依据国家的方针、政策、环保法规和财经法规,对排放或超标排放污染物的企事业单位的污染状况和治理情况、污染治理专项资金的使用情况等环境经济活动进行审查、核算,收集必要证据资料,并向授权人或委托人提交审计报告和建议的一种活动。环境审计的主体通常包括国家审计机关和民间审计机构两种,前者是政府下属的职能部门,它经过政府授权,对排污单位进行环境审计;后者是一种社会性的民间审计机构,它可接受环保主管部门、审判机关及产品进出口审批机关等有关部门的委托,从事一些特定目的的审计工作。环境审计的对象主要包括排放(对水体而言)或超标排放污染物的一切企业、事业单位,可应用于各种层次和范围,甚至是针对某一特定污染问题。

环境审计与传统审计的区别为:针对突出自然资源、环境问题的“环境会计”真实性、合法性的监督;披露“环境会计”自然资源、环境计量合法性及其环境效益真实性的鉴证审计;集资源、环境信息披露及环境效益鉴证业务于一体的特殊目的审计。将自然资源、环境保护纳入审计范围,对传统审计进行的“绿化”,已成为审计界对可持续发展的又一重大贡献。目前西方各国审计理论界对环境审计的探索方兴未艾,如美国、英国、加拿大等多个国家在广泛实行环境会计的同时也开展了环境审计的工作。目前,环境审计理论研究及实务已成为全世界审计学术的中心议题。

(二)环境审计方法

环境审计方法是指审计人员检查和分析环境审计对象,收集环境审计证据,对照环境审计依据,并编写环境审计报告,做出环境审计结论,提出审计意见而采取的各种手段的总称。

环境审计方法很多,每种方法都有其特定目的和适用范围。因此,在选用审计方法时，必须遵循以下原则：①适合于环境审计的特定目的。②与被审计单位的具体情况相适应。③与审计主体的性质和任务相适应。

各种环境审计主体的性质不同，所担负的任务不同，所采用的审计方法也有所不同。各种审计方法之间既有区别，又有联系，因此应根据不同条件灵活运用。

环境审计是一个定义完整、组织良好的整体。从方法学来说，它分为以下三个步骤。

1. 前期审计活动

每一项审计的准备工作都包括大量的活动，活动的内容包括选择审计现场，挑选、组织审计小组，制订审计计划以确定技术、区域和时间范围，获得工厂的背景材料(如用调查表的方法进行调查)以及要被用在评估程序中的标准。这样做的目的是减少现场活动时间，使审计小组在整个现场审计过程中发挥最大的工作效率。

2. 现场审计活动

现场审计活动由五个基本步骤组成。

(1)区别和了解企业内部的管理控制系统

内部控制是与工厂环境管理系统联系在一起的。内部控制包括有组织地监测和保存记录的程序；正式计划，如防止和控制偶然的污染物的排放；内部检查程序；物理控制，如排放物的控制；各类其他控制系统要素等。审计小组通过利用正式的调查表、观察资料和会谈等方法来获取大量的资料，并从这些大量的资料中获得与所有重要的控制系统要素有关的信息。

(2)评价企业内部的管理控制系统

这主要是评价管理控制系统的功能和效果。环境审计重点披露的内容是有关企业自然资源、环境计量的真实性、合法性，环境资产、环境资本金、环境成本、费用、环境效益核算的真实性、合法性，报表附注披露环境保护信息状况，未来发展前景信息状况，环境控制绩效分析及执行环境法规等情况。在有些情况下，法规对管理控制系统的设计做了详细说明，如对偶然的排放物，法规可列出要包含在计划中的、与其有关的专项内容。但更常见的情况是，小组成员必须依靠他们自己的专业判断能力对控制系统作出评价。

(3)收集审计资料

在这一步骤中，审计小组要收集所需证据，以便证实控制系统在实际运行中确实能达到预期的效果。小组成员根据审计草案(该审计草案可根据实际情况进行调整)中的既定程序进行工作。该步骤内容包括审查排放物的监测数据以确定其符合规定；审查培训记录以证实有关的工作人员已接受过培训，或审查采购部门的记录以证实废弃物承包商具有资格处置这些废弃物。记录下收集到的全部信息，进行分析，并作记录。控制系统中的要素存在的不足，也要记录下来。

(4)评价审计调查结果

单项控制调查结束之后，小组成员得出的是与控制系统单个要素有关的结论。接下来要综合评价该调查结果，并评估其不足之处。在评价该审计调查结果时，审计小组要确认有足够的证据来证实调查的结果，并清楚、概要地总结调查的结果。

(5)向工厂汇报调查结果

在审计过程中，就调查的结果，通常要与工厂职员分别进行讨论。在总结审计报告时，要与工厂管理部门一起召开一个正式的会议，汇报调查结果及它们在控制系统运行中的重要性。审计小组可在准备最后的报告之前，向管理部门提交一份书面总结作为中期的报告。

3. *后期审计活动*

在现场审计后期，还有三项重要的工作要做。

(1)准备最终报告并提出一个更正行动的计划

最终审计报告一般由小组负责人撰写，然后由负责评价其准确性的人员进行审查，之后才被提交给相应的管理部门。

(2)行动计划的准备及执行

在审计小组或外部专家的协助下，工厂提出一项计划，该项计划反映了全部的调查结果。行动计划作为一种途径，是为取得管理部门的认可和保证计划顺利实施服务的。只要可能，就应立即付诸行动，以使管理部门确信合适的更正行动已经计划了。当然，如果更正行动没有很快的进行，就失去了审计的主要作用。

(3)监督更正行动计划的执行

监督是非常重要的一个步骤，其目的是要保证更正行动计划的实施和使所有必要的更正行动受到关注。审计小组、内部环境专家及管理部门都可以进行监督。不是所有的审计程序都必须包含每一个步骤，但是一般来说，每个程序的设计都应考虑到上述活动的步骤。

第二章 垃圾分类的方法、处理与误区

第一节 垃圾分类的基本思路

随着经济社会发展和物质消费水平大幅提高，我国生活垃圾产生量迅速增长，环境隐患日益突出，已经成为新型城镇化发展的制约因素。遵循减量化、资源化、无害化的原则，实施生活垃圾分类，可以有效改善城乡环境，促进资源回收利用，加快“两型社会”建设，提高新型城镇化质量和生态文明建设水平。

一、分类原则

减量化是指在生产、流通和消费等过程中减少资源消耗和废物产生，以及采用适当措施使废物量减少（含体积和重量）的过程。

资源化是指将废物直接作为原料进行利用或对废物进行再生利用，也就是采用适当措施实现废物的资源利用过程，其中再利用是指将废物直接作为产品或者经修复、翻新、再制造后继续作为产品使用，或者将废物的全部或者部分作为其他产品的部件予以使用。

无害化是指在垃圾的收集、运输、储存、处理、处置的全过程中减少以至避免对环境和人体健康造成不利影响。

二、生活垃圾四分法

生活垃圾具体分类标准可以根据经济社会发展水平、生活垃圾特性和处置利用需要予以调整。例如，根据《上海市生活垃圾管理条例》，上海市现阶段生活垃圾按以下标准分为四大类：可回收物；有害垃圾；湿垃圾（厨余垃圾）；干垃圾（其他垃圾）。市民可在“上海发布”“绿色通道”等微信公众号中查询垃圾分类的具体情况。垃圾桶等收集设施也按照分类标准统一图文标志，区分不同颜色：可回收物——蓝色，有害垃圾——红色，湿垃圾——棕色，干垃圾——黑色。[①]

①徐宝贤.2019垃圾分类市民读本[M].北京：文化发展出版社，2023.

第二节 垃圾分类的操作实施

一、可回收物的处置

可回收物就是可以再生循环的垃圾，是可回收、可循环利用的生活废弃物。例如，本身或材质可再利用的纸类、硬纸板、玻璃、塑料、金属、人造合成材料包装废布，与这些材质有关的，如报纸、杂志、广告单及其他干净的纸类等皆可回收。

可回收物包括废纸张、废塑料、废玻璃制品、废金属、废织物等。废纸张包括报纸、杂志、旧书、牛奶盒、各种包装纸、办公用纸、纸盒及其他未受污染的纸制品。废塑料包括塑料瓶、塑料泡沫、塑料包装物、一次性塑料餐盒和餐具、牙刷、塑料杯子等。废玻璃制品包括各种玻璃瓶、碎玻璃片、镜子等。废金属包括易拉罐、铁皮罐头盒、铅皮、牙膏皮等。废织物包括废弃衣服、毛巾、桌布、书包、鞋等。

（一）废纸张

这里的纸类是指未被严重玷污的文字用纸、包装用纸和其他纸制品等，如报纸、包装纸、办公用纸、过期杂志、图书，还有各种纸质包装盒，这些都是可以回收再利用的。因为它们的原料大多是木材、草、芦苇、竹等植物纤维，可以按照纤维成分的不同，对其进行相应的加工，以便再循环利用。但要注意：不是所有的纸都能回收，如纸巾和卫生纸虽然叫纸，但因为遇到水就能溶解，所以不算可回收纸张，而且用过的卫生纸已被污染，属于干垃圾（其他垃圾）类别。

过去，人们处理废纸张的方式总是习惯性地把它们堆积起来焚烧，将剩下的灰烬埋到土里。少部分的废纸张在堆放后经过雨水的冲刷、浸泡，被大自然“融化”。正是因为废纸易于处理，处理后也没有留下明显有害环境的物质，因此很长时间以来没有引起人们的重视。

实际上废纸张是可以实现循环再利用的。把废纸张变成再生纸浆，我们的生活便会发生很大的变化，最主要的就是纸类垃圾的减少。废纸张实现再生循环的一般步骤为：分选归类，将各种不同纸质的纸分类选择；打成纸浆，在碎浆机中将废纸打碎碾成纸浆，搅拌过程中去除塑料、细绳等杂质；除垢，在除垢机中将沉淀在纸浆底层的铁丝、砂等杂质去除；筛除，在筛网机中将更细小的杂质去除；浮选，用洗涤剂、化学药剂在浮选机中除去浮在纸浆上层的油墨；洗涤，在洗涤机中将纸浆洗干净。

废纸张在生产过程中经过反复处理，纸纤维会变短、变硬，所得的再生纸浆质量便不如新生纸浆，因此它们通常用来制成新闻纸、瓦楞纸、卫生纸和餐巾纸。由于人们观念上存在的一些误区，总觉得用再生纸浆生产出来的纸不如用100%新生纸浆的纸好，尤其是卫生纸、餐巾纸，更不愿意购买再生的。事实上经过各种处理，将新生纸浆与再生纸浆按比例混合后，制成的两种卫生纸并没有多少差别。随着人们环保意识的加强，相信在不久的将来会有更多人乐意并坚持使用再生纸。

（二）废塑料

我国从2008年6月1日开始实施“限塑令”，明确规定商场、超市和集贸市场不得提供免费塑料购物袋，并禁止使用厚度小于0.025mm的塑料购物袋。从购物用的塑料袋、一次性打包盒，到喝水用的矿泉水瓶子、穿的塑料拖鞋，人们几乎每天都在和塑料打交道。如果稍加留意便可发现，平时使用的饮料瓶上都有一个箭头围成的三角形的标记，它表示可以被回收再利用。这个顺时针旋转的箭头形成的三角形和它里面的数字一起，称为塑胶分类标志，而里面的数字则是一个编号，不同的编号表示不同种类的塑料材料。虽然绝大多数塑料都可以回收，但需要根据它们不同的聚合物种类来分类。

以下是不同种类的塑料材料在日常生活中的应用。[①]

1. 聚对苯二甲酸乙二醇酯（PET）

PET常用于制作矿泉水瓶、可乐饮料瓶、果汁瓶、屏幕保护膜及其他透明保护膜等，通常呈无色透明。因为它只可耐热至70℃，所以这种饮料瓶只适合装冷饮和暖饮，装高温液体（如热开水）或加热则易变形，有对人体有害的物质会溶出；并且该塑料制品使用10个月后，可能会释放出致癌物，对人体具有毒性。PET材质的塑料瓶不能放在汽车内晒太阳；不要装酒、油等物质，这样有害物质就容易溶解出来；也不要装70℃以上液体，过高温度会导致材料分解，释放出有害化学物质。

2. 高密度聚乙烯（HDPE）

HDPE适宜制作装食品、药品、清洁用品和沐浴产品瓶，以及酸奶瓶、口香糖瓶、购物袋、垃圾桶、农业用管、杯座、运动场设备与复合式塑胶木材等。目前，超市和商场中使用的塑料袋多是此种材质制成，可耐110℃高温，标明食品用的塑料袋可用来盛装食品。HDPE在各种半透明、不透明的塑料容器上被广泛地使用，手感较厚。盛装清洁用品、沐浴产品的瓶子可在清洁后重复使用，但这些容器通常洗不干净，残留的物质会变成细菌的温床，所以最好不要循环使用，特别不推荐作为循环盛放食品药品的容器使用。

3. 聚氯乙烯（PVC）

PVC多用来制造水管、雨衣、书包、建材、塑料膜、塑料盒等器物。可塑性优良，

①陆健，毛达．垃圾分类与多元共治 中国实践与国外经验[M]．北京：中国环境出版集团，2023.

价钱便宜，但这种材质只能耐热81℃，因此无法在温度较高的地方使用。PVC生产中会使用大量增塑剂和含有重金属的热稳定剂，且合成过程很难杜绝游离单体的存在，遇到高温和油脂时，容易析出有毒物质，容易致癌，所以PVC在接触人体，特别是医药食品应用中，基本被PP、PE所取代。

4. 低密度聚乙烯（LDPE）

各种的容器、投药瓶、洗瓶、配管与各种模塑的实验室设备、塑料薄膜及保鲜膜、牙膏或洗面奶的软管包装，以及纸做的牛奶盒、饮料盒等包装盒，都用LDPE作为内贴膜。多用于塑料膜等用具上，不宜作为饮料容器。LDPE制品由于在较高温度下会软化，甚至熔化，应尽量避免在高于开水温度（100℃）的情况下使用。保鲜膜在温度超过110℃时，会出现热熔现象。因此，食物放入微波炉前，先要取下包裹着的保鲜膜。

5. 聚丙烯（PP）

PP适合制作一次性果汁、饮料杯，以及塑料餐盘、乐扣乐扣保鲜盒等。需要注意，有些微波炉餐盒盒体以5号PP材质制造，但盒盖却以4号PE材质制造，由于PE不能经受高温，使用前请仔细检查，若有此类情况发生，应事先将盒盖取下后再进行加热。

PP的使用范围也很广泛，用来制作日常用品，如包装、玩具、脸盆、水桶、衣架、水杯、瓶子等；工程上也有应用，如汽车保险杠等。纺成丝的PP被称为丙纶，在纺织品、无纺布、绳索、渔网等制品中很常见。

6. 聚苯乙烯（PS）

PS适合制作快餐盒、廉价透明制品、泡沫塑料、书桌配饰、自助式托盘、食品餐器具、玩具、录像带盒、养乐多瓶、冰激凌盒、方便面碗、隔板与泡沫聚苯乙烯（EPS）产品。分为发泡及未发泡两类：发泡是一般常见的泡沫塑料饭盒；未发泡的如酸奶瓶。未发泡的轻折就有白痕出现，通常用手可以撕裂。若PS遇强酸、强碱性物质时，会产生有害物质，使用PS制成的器具时要小心，勿装酸性或碱性食品。不要用快餐盒打包滚烫的食物，也不要用微波炉加热碗装方便面。

另外，聚苯乙烯易燃，特别是发泡之后的PS。燃烧会产生大量有毒气体。在一些高层住宅火灾事故中，由于隔热层材料采用了PS发泡板，着火后产生的大量浓烟和有毒气体成了导致大量人员伤亡的主要原因。

7. 聚碳酸酚（PC）或OTHER

PC是用双酚A与碳酸二苯酯为原料合成，常用于制造水壶、透明水杯、奶瓶、饮水桶、光盘基材、镜片和灯罩等。在制作PC过程中，原料双酚A应该完全成为塑料结构成分，不应在使用中释放，但不合格产品做不到，会有少部分双酚A没能完全转化到塑料中，遇热会被释放到食品中，对小孩和胎儿有害。

8. 聚酰胺（PA）或OTHER

提起PA的另一个名字——尼龙，大家一定不陌生。PA家族非常强大，有很多品种，都具有优良的物理化学性能。这也是PA在电子电器和汽车行业广泛应用的原因。生活中，尼龙绳、尼龙袜也是常见的用PA制成的物品。纺丝的PA纤维被称为锦纶，用于渔线、渔网、绳索和传送带等。

一般的塑料瓶中都含有增塑剂，这种化学成分对人体是有害的，随着时间的推移，增塑剂会慢慢地从塑料制品中溶出，进入空气、土壤、水源及食物中。此外，增塑剂也可直接通过人体皮肤吸收而进入人体。塑料垃圾的降解时间漫长，焚烧处理塑料垃圾会释放出多种有害的化学物质。其中，二噁英的毒性比较大，不仅会导致鸟和鱼类畸形和死亡，还会使人消瘦、肝功能代谢出现紊乱、神经损伤、诱发癌症等。因此，对于塑料制品垃圾，一定要及时处置，尽早把它们送到工厂进行再生产，以促进塑料的循环利用。我国从20世纪60年代开始，就研究废旧塑料的再生利用技术，积累了很多经验。

（三）废玻璃制品

很多人在实际生活中并不知道玻璃是可回收物，因为大多数收废品的人不再收取玻璃瓶，更是加深了人们对“玻璃瓶没有再利用价值”的印象。其实，玻璃是可回收物，日常生活中的玻璃用品主要有各种玻璃瓶、玻璃碗、镜子、玻璃灯泡等。目前，玻璃容器工业在制造过程中约使用20%的碎玻璃，以促进熔融，以及与沙子、石灰石和碱等原料的混合。碎玻璃中75%来自玻璃容器的生产过程，25%来自消费后的容器。玻璃器皿工业会把这些被粉碎的玻璃重新加工，在精挑细选的基础上去除杂质，加上沙子、石灰石和碱等原料，可将这些碎玻璃变成制造新玻璃的原料，重新制成精美实用的玻璃装饰品或玻璃容器。

实验表明，回收加工玻璃制品对保护环境和资源都有好处，不仅能节省玻璃制作的原材料，而且可以节省煤炭和电力等资源。通过高科技的制作工艺，回收再利用后的玻璃原料又被技艺精湛的工人师傅们变成各种漂亮的花瓶、实用美观的茶杯、碗碟和玻璃瓶，回到我们的生活中，供我们欣赏或使用。

在废玻璃制品的回收利用过程中必须去除杂质金属和陶瓷等杂物，这是因为玻璃容器制造商需要使用高纯度的原料。例如，混在碎玻璃中的金属盖等可能形成干扰熔炉作业的氧化物；陶瓷和其他外来物质则会在容器生产中形成缺陷。除此之外，回收利用的玻璃还要关注颜色问题。因为带色玻璃在制造无色火石玻璃时是不能使用的，而生产琥珀色玻璃时只允许加入10%的绿色或火石玻璃，因此消费后的碎玻璃必须用人工或机器进行颜色挑选。碎玻璃如果不进行颜色挑选直接使用，则只能被用来生产浅绿色玻璃容器。

（四）废金属

可回收的金属类生活垃圾是指利用金属材料做成的易拉罐和罐头盒、金属材质的厨房用具、含有金属部件的电子产品等。例如，罐头盒、可乐易拉罐等，这些都是用金属材料制成的，它们的区别仅在于金属材质不同。

目前，每年都有大量的废金属产生，如果随意丢弃这些废弃物，不仅会造成极大的资源浪费，也会造成严重的环境污染，而合理回收利用则可以节约大量的能源和矿产能源。据资料统计，回收1t废钢铁可生产钢0.9t；废旧易拉罐可无数次循环再利用，每次循环可以节能95%左右。另外，还有各种废铜烂铁、废钢、报废的汽车零部件等，人们可以借助金属回收工艺对它们进行重新利用。众所周知，金属材料都是从金属矿产资源中提炼出来的，而地球上的矿产资源也并非取之不尽、用之不竭，因此人们应当充分利用废旧金属，别让它们消失得太快。

（五）废织物

纺织品与日常生活息息相关，生活中的废织物主要来自废弃的衣物、床单被罩、窗帘、靠垫、装饰品等。公开数据显示，我国每年废旧纺织品规模大约能达到2000万t，累计存量已经过亿吨，可综合利用率却连20%都不到。业界粗略估算，如果每年的废织物均能回收利用，则相当于减排二氧化碳8000万t，节约原油2400万t。

对废织物的回收再利用方法有以下五种：一是零级回收。回收得到的废旧纺织品，对其进行清洗、修补后卖入二手服装市场，从而流入农村或偏远地区。二是初级回收。对于生产中产生的废料、废丝及未使用的边角料，这些废料相对干净，为了提高这类废料的性能，往往将其与新材料混合，制成新的纺织材料。三是能量回收。将废旧纺织品中热值较高的化学纤维通过焚烧转化为热量，用于火力发电的回收再利用。四是物理回收。用机械辅助分解或粉碎纺织品，不破坏聚酯的化学结构，不改变其组成，通过将其收集、分类、净化、干燥、添加必要的添加剂进行加工处理，然后重新用于纺织品的生产。五是化学回收。采用化学方法将废旧纺织品中材料降解或分解，重新聚合成高分子，并用以制备再生纤维，或利用降解产物小分子用于非纺织材料用途。

我国政府支持的废旧衣物回收箱模式主要是借助政府力量，由专业回收公司将废旧衣物环保回收箱按独立垃圾分类模式投放到居民小区，回收公司定时将回收衣物运回仓库进行分类整理，将其中符合标准的旧衣服送往民政部门和慈善机构济贫帮困，剩余部分进行综合利用。

如今在居民小区内出现的废旧衣物回收箱，就是政府呼吁公众对废旧衣服再生利用的关注，倡导废旧衣物统一回收处理，减少旧衣垃圾对环境污染的一项公益举措。随着"快时尚"时代的到来，很多生活用品的更新换代频率也节节攀高，大家在疯狂"买买买"之后，也要学会合理"扔扔扔"。

二、有害垃圾的处置

有害垃圾是指存有对人体健康有害的重金属、有毒的物质或者对环境造成直接危害或者潜在危害的废弃物，包括废电池、废荧光灯管、废灯泡、废水银温度计、废油漆桶、废家电类、过期药品、过期化妆品等。有害垃圾必须单独收集、运输、存储，由环保部门认可的专业机构进行特殊安全处理。有害垃圾包括有毒的、易爆的、易燃的、腐蚀性的废弃物，需要经过特殊安全处理。

（一）废电池

日常生活中用到的电池产品大致可分为普通干电池、可充电电池、纽扣电池、锂电池、碱性蓄电池、铅酸蓄电池等。实际生活中应用最广泛的就是普通干电池（锌锰电池）。目前，我国正规电池生产企业生产的电池已经基本实现无汞化。普通干电池中所含的其他对环境有影响的重金属元素的含量也相对减少。此外，电池包壳在不发生自身侵蚀的条件下，同样起到隔离电池内部化学物质和外界环境的作用。这类电池如果集中堆放，外壳破损的概率会提高，污染物的释放量反而更大，对环境的危害性也就较为严重。因而早在2003年，原国家环境保护总局（现生态环境部）、国家发展和改革委员会、原建设部（现住建部）、科技部、商务部等五个部委局联合下发的《废电池污染防治技术政策》中就明确表示，不鼓励集中收集已达到国家低汞或无汞要求的废弃一次性电池。因此，这些普通的锌锰电池是能够作为普通的生活垃圾进行填埋处理的。

1. 纽扣电池

纽扣式锌银电池广泛应用于电子钟表、计算器、助听器等，也是人们比较熟悉的电池品种之一。这类电池的危害主要是由汞、镉和银造成的危害。有关资料显示，一颗纽扣电池产生的有害物质能污染60万升水。

2. 锂电池

锂电池是指电化学体系中含有锂（包括金属锂、锂合金和锂离子、锂聚合物）的电池。包括一次电池和金属锂、锂离子二次电池。因其具有性价比高、储存寿命长、工作温度范围宽等优点，被广泛应用于手表、照相机、计算器、后备电源、心脏起搏器、安全报警器等。这类电池危害相对较小，对其回收利用，主要是回收有用的成分——金属锂。

3. 碱性蓄电池

碱性蓄电池有锌银、镉镍、铁镍、镍氢等系列电池。镉镍蓄电池是目前使用范围最广的电池系列，也是环境污染问题所重点关注的一种电池。镉是毒性很大的物质，具有致癌性，而镍也同样具有致癌性，对水生物有明显的危害性。据美国国家环境保护局调查，废弃镉镍电池的镉占城市固体垃圾中镉总量的75%。

4. 铅酸蓄电池

铅酸蓄电池是目前世界上产量最大、用途最广的一种电池，销售额占全球电池销售额的30%以上。这类电池的污染主要是重金属铅和电解质溶液的污染。铅酸蓄电池中的铅和铅的氧化物对人体神经系统、消化系统、造血系统以及肾脏有一定的影响，因此最好不要拆解废弃的电池，需拆解时，请注意防护并在有关人员的指导下进行。

综上所述，我们生活中用到的可充电电池、纽扣电池、锂电池、碱性蓄电池及铅酸蓄电池等，还是需要作为有害垃圾单独投放处理。

目前，包括废旧电池在内的工业废弃物的再生利用已经引起世界上许多国家的重视，下面介绍一种废电池资源化利用工艺及其产品和应用的技术方法。该技术方法能避免废旧电池对环境造成的污染，最终可产生废铁片、废锌片、废铜片、汞及沼气发酵促进剂，最大化地利用了废弃物。

具体步骤是：将收集到的电池通过机械筛分，分为1号、2号、5号、7号电池；根据电池的大小，调节破碎辊（破碎壁）的间距，将废电池进行机械剥分；将剥分后的电池通过胶带输送设备，运送到轮碾机进行碾轧，输送设备的滚筒采用电磁滚筒，通过磁选的方法将铁片分离出来。将经磁选出铁片的残渣运送到轮碾机处进一步进行碾轧，使锌片、铜片、废纸与残渣分离；将经碾轧的残渣进行机械筛分，把锌片、铜片、废纸分选出来；经碾轧筛分后余下的残渣，使用真空加热炉将废电池中的汞蒸发出来；将蒸发出来的汞送入汞冷凝装置冷凝回收，得到金属汞；将经过真空加热汞处理后的残渣称量装袋，即为沼气发酵促进剂。

（二）废旧灯管

废旧灯管是城市环保的热点之一。资料显示，一支管径36mm荧光灯管含汞量为25～45mg，一支管径10mm的节能灯泡含汞量为10～15mg，一支高压钠灯含汞量为12～14mg，一支金卤灯含汞量为20～25mg。因为汞的沸点特别低，在常温下就能蒸发，废弃的节能灯管破碎后会立即向周围散发汞蒸气，可以瞬间让周围空气中的汞浓度达到0.5～1mg/m³，如果渗入地下，会造成90～180t水源的污染。同时，汞还会随着空气流动，一旦人体吸入的汞超过某一阈值，就会破坏人的中枢神经系统，对身体造成极大的危害。

近几年，我国每年生产加工灯管消耗的汞达80t之多，每年释放出汞及其化合物量数以百吨计，严重污染的土壤和水源慢性毒害了人体健康。目前，我国对这些废旧灯管进行处置的方法为：通过对破碎的废旧灯管进行两道工序的脱汞和两级漂洗后，金属汞和硫酸汞将得以全部回收利用，清洗后的废旧玻璃也可以回收利用。酸洗废水经过处理后循环利用，可以实现零排放。生产车间对汞蒸气也采取全程密封处理，确保没有汞蒸气泄漏。

（三）含汞废弃物

生活中含汞的废弃物是有害垃圾。汞，俗称水银，也是在常温常压下唯一以液态形式存在的金属。常用于制造科学测量仪器（如气压计、温度计等）、药物、催化剂、汞蒸气灯、电极、雷汞等，也用于牙科医学和化妆品行业。

汞主要分为金属汞、无机汞和有机汞。金属汞具有挥发性，汞蒸气吸入肺部后，会对中枢神经系统造成伤害。日常生活中会遇到的无机汞有消毒剂，如红药水和牙科银粉。若误食高剂量无机汞，不仅会引起肠胃道黏膜伤害而大量出血，引发休克，还会伤害肾脏，导致急性肾衰竭，甚至造成死亡。汞在环境中会被细菌转化为有机汞，有机汞中较为典型的是甲基汞，甲基汞中毒主要为神经系统症状，主要表现为语言障碍、运动失调、肌肉萎缩等。骇人听闻的“日本水俣病事件”便是有机汞中毒引发的人间悲剧。

日常使用的一支标准水银体温计约含有1g的汞，如果破碎后汞全部蒸发，可使一间面积15m²、高3m的房间空气汞浓度达到22.2mg/m³，大大高于国家规定的环境空气中汞的浓度限值0.05mg/m³。

水银温度计打破后处理的步骤如下：戴上橡胶或乳胶手套、口罩，打开窗户，确保自身安全；用纸巾小心捡起那些碎玻璃片，并用密封袋装好；对于较大的水银颗粒，用纸板小心收集，要特别注意，水银颗粒在平滑的地板上滚动很快，所以请仔细检查整个地板，以防漏网之鱼；对于较小的水银颗粒，建议用滴管小心收集，然后用纸巾包好，再放入密封袋中；对于那些更小的、难以看清的水银颗粒，可以用剃须膏涂在小刷子上，一点点粘，或者用胶带粘，最后再将小刷子和胶带一并放入密封袋中；如果有条件的话，还可以用硫黄粉撒在水银流过的地方，硫黄碰到水银会从黄色变成褐色（硫化汞），硫化汞不会挥发至空气中影响健康，同时也利于清理；建议通风至少24h后再进入，如果发现有身体不适，要及时就医；所有装有水银污染物的密封袋，可根据各地的情况，询问当地的环保部门予以处理。

（四）废电器

“科技改变生活”已经不再是一个简单的口号。各类高科技电子产品给人类的生产和生活带来了极大的便利。随着电子产品不断地升级换代，置换下来的废旧电器也越来越多。如果处理不当，会对环境造成极大的污染和破坏，严重危害人类的健康。

因为家电的制作材料成分比较复杂，有些家电材料还含有有毒的化学物质，如不少电器及电子产品的电池和线路板上含有铅、汞等重金属。例如，电视机和计算机的显示屏中就含有汞。如果直接掩埋，会对地下和土壤造成污染；如果直接焚烧，又会产生容易让人体中毒的气体，更有甚者可能会诱发癌症、神经系统紊乱等疾病。

实际上有部分废电器经过修理或者重新组装还可以使用。并且电子废弃物中富含铜、汞、铅、镉、金等贵金属的可资源化程度很高，其循环再利用有着较高的经济效益和环境效益。

目前，可以做的就是通过加强环保宣传、增强生态意识、推广家电以旧换新活动、搞活家电二手交易市场等方法来实现废家电的回收利用。《废弃电器电子产品处理污染控制技术规范》《废弃电器电子产品回收处理管理条例》等规范条例的颁布实施对促进我国废弃家电回收事业的发展有着巨大的推动作用。此外，美国、日本等发达国家在废家电回收方面积累的许多宝贵经验也值得我们学习和借鉴。

（五）过期药品

过期药品是指过了药品标注的有效期的药品。药品的有效期是指药品在一定的储存条件下，能够保持质量的期限。药品的有效期是根据药品的稳定性不同，通过稳定性实验研究和留样观察确定的，所以不同药品的有效期是不一样的。

药品有片、丸、散、胶囊、糖浆、气雾剂等多种剂型，所含成分各有不同。中药多为草根树皮、花草茎叶、植物果实、藤木树脂、菌藻、动物等物质；西药多为化学合成物，包括酸、碱、盐、各种激素、维生素等化学物质。如果将废弃药品与垃圾混杂，会生成有毒有害的污染物。目前，过期药品已被明确列入《国家危险废物目录》，属于重要环境污染源之一。

首先，过期药品不仅可能失去原有的疗效而延误最佳的治疗时机，而且还可能因为内在质量等发生改变，产生对人体有害的物质。如湖南省株洲市发生的“梅花K”事件，就是由于在产品中添加了过期的四环素，其含有的四环素降解产物远远超过国家允许的安全范围，服用后临床上表现为多发性肾小管功能障碍综合征，从而引起肾小管性酸中毒，导致乏力、恶心、呕吐等症状。按照《中华人民共和国药品管理法》的规定，超过有效期的药品属于劣药，是禁止生产和销售的。而一些不法分子低价回收过期药品，改换包装后通过非法渠道销售到偏远地区的医院、药店及一些无证诊所，继而再次流入消费者手中，给患者治疗带来了难以预计的后果，严重危害大众的身体健康和生命安全。

其次，过期药品处理不当会对环境造成一定影响。例如，曾经发生在厦门市集美区后溪镇新村的事故，村民70余人出现不同程度的头晕、乏力、胸闷、呕吐、腹痛、腹泻等症状，正是因焚烧过期药品对空气、农田、水系的污染所引起的。我国对于过期药品的处理有明确的规定：一般要高温焚烧，经过层层过滤，最后产生的气体还必须符合国家的环保要求才能排放。

最后，过期药品还会直接引发资源浪费问题。大量的过期药品不仅没有使用价值，而且还需投入人力、物力和财力对其进行处理，造成了资源的极大浪费。

为了保证药品在有效期内真实有效，药品的存放应符合以下存储条件：①应注意药品的保存条件，避免高温、光照和潮湿。许多药品说明书中有“密封，阴凉处保存”的字样，密封的含义是隔绝空气，避免药品氧化，也避免潮湿空气的进入，造成药物潮解。阴凉处是指不高于20℃的环境，如果是“冷处”，就应在2℃～10℃环境中，一般冰箱的冷藏室可以满足要求。但并不是温度越低越好，许多液体制剂就不宜冰冻，而且像胰岛素等一些自用注射液更不能冰冻。药品的变质是不可逆的，如生物制品，多数需要冷藏，如果在高温环境中存放一段时间后再冷藏，也无法弥补前一段的损失。所以，药品保存条件应均衡始终。②药品还应合理分类摆放。外用药和内服药应分开摆放，这样做可以避免在匆忙中拿错。建议在药箱中使用不同颜色的口袋包好，标记清楚。更不要将用空的药品瓶子或盒子装其他药品，一旦忘记就容易搞错，发生误用。③药品一旦过期变质就应彻底销毁，以防流入不法分子之手。最好的办法是将过期变质的药品交回医院药房进行集中处理，以免污染环境。尤其是一些特殊性质的药品，如青霉素，如果自行处理，防护不当或者散发到空气中，可能造成过敏等意外。

如果有少量过期药品或附近没有回收点，可采取以下办法：①送到药物回收点。在专门设有过期药品回收点的小区，可以把家中的过期药品整理好送过去，自行将过期药品投入过期药品的回收箱中，相关人员会定期清理箱中的药品，再做统一销毁处理。②送到医院或药店。如果小区没有设立药品回收点，可以咨询药店或者医院，一些药店或三甲医院会设有回收过期药品的点。有的医院会提供黄色医用垃圾袋来回收过期药物，然后再进行统一销毁。③自行处理。对于口服片剂、固体片剂，可先用水溶解；胶囊要先掰开，将其中的颗粒加水溶解后再倒进厕所冲走，或用纸包好后投入密闭的纸筒内丢弃。对于滴眼液、外用药水、口服液等液体制剂的药品，应在彼此不混杂的情况下，分别倒入下水道冲走。对于软膏制剂药品，应将药膏从容器中挤出，收集在信封内，封好后丢弃。对于喷雾剂类药品，应在户外空气流通较好的地方，在避免接触明火的条件下，彻底排空。对于针剂、水剂类注射药品，切勿擅自开启，应连同其完整外包装一起投入密闭的纸筒内丢弃。对于抗生素、肿瘤用药和其他特殊药品，处理前应咨询医生或药师，以免对环境造成污染。

其实减少和杜绝过期药的最好办法，就是合理购药、安全用药。药品要随用随买，不要一次性购买大量药品，定期清理家中的小药箱，并将过期药品送到药监部门确定的回收点，防止不法分子回收利用。

（六）过期化妆品

化妆品是指以涂抹、喷洒或者其他类似方法散布于人体表面的任何部位，如皮肤、毛发、指（趾）甲、唇齿等，以达到清洁、保养、美容、修饰和改变外观，或者修正人体气味，保持良好状态为目的的化学工业品或精细化工产品。过期的化妆品会给我们带来以下危害：滋生细菌；养护功能丧失；造成皮肤过敏。

日常生活中，总会有几件过期化妆品，扔掉可惜，继续用又怕伤害皮肤。如果化妆品的质地没有变化，颜色没有变化，也没有难闻的气味，就可以再利用。

洗面奶：可以当清洁剂使用，可以清洗衣领、衣袖，擦旅游鞋等；起泡较多的洗面奶还能当男士剃须泡使用。

面霜：除了擦手、擦脚外，涂在发尾上可代替护发素，不仅可以防止头发分叉，而且还能让头发变得更加柔软；用来护理皮具效果也非常好，涂在皮钱包、皮手包、皮鞋、皮沙发上，有保养皮革的功效，而且适用于各种颜色的皮制品。需要注意的是，不要用有增白功效的面霜。

粉底、散粉：可以用布装起来放到衣柜或鞋柜里，帮助去除柜子里的潮味。地毯上洒了水、油、果汁之类的，可以先用这个散粉包压一下，方便后续处理。

乳液：可以用来护甲，用化妆棉蘸上乳液包裹住指甲，停留 10 ~ 15min 后取下，指甲会变得有光泽；还可以用来护理脚底的皮肤。

口红：可以擦拭银首饰或者修复皮具。将口红涂在餐巾纸上，反复擦拭银器或首饰变黑的地方，就会焕然一新；皮具磨损后露出白色的皮茬口，抹上相同颜色的口红，再涂上一层蛋清就可以了。

化妆水：含有酒精的化妆水可以用来擦油腻的餐桌、瓷砖和抽油烟机；保湿的化妆水可以用来保养皮鞋、皮包、皮沙发等，效果很好。

洗甲水：主要成分是丙酮，是一种有机溶剂，可以清洁不干胶标签留下的印记，擦拭电灯开关或者插座，清洁油腻的餐桌、瓷砖、抽油烟机等。

洗发水：可以作为羊毛制品清洗剂、衣领净用。因为洗发水中含有毛发柔顺剂，可使毛衣等羊毛制品柔软清香；还可以清洗毛领、帽子、枕巾等和头发密切接触的衣物。

香水：喷在洗手间、房间、汽车里充当清新剂，或者为洗完的衣服增加香气；喷在化妆棉上用于擦拭，可去除胶带留下来的痕迹；用来擦拭灯具，既能去污，又能通过灯具发热有助于香气散发，有香薰之效。

三、湿垃圾的处置

湿垃圾（厨余垃圾）即易腐垃圾和食材废料，包括剩菜剩饭、骨头鱼刺、瓜皮果壳、油脂等食品类废物，经生物技术就地处理堆肥，每吨可生产0.3t有机肥料。

（一）梨皮

梨皮是一种药用价值较高的中药，能清心润肺、降火生津。将梨皮洗净切碎，加冰糖炖水服能治疗咳嗽。自制泡菜时放点梨皮，能使泡菜更脆，还更美味。家里的锅具用久了会积存油渍和污垢，用钢丝球使劲刷，对锅有伤害。可以把吃剩的梨皮放入锅中，加水没过梨皮煮上一会儿，顽固的油渍和污垢就很容易被清洗干净。

（二）苹果皮

熬夜加班，第二天起床眼圈发黑，将苹果皮贴在熊猫眼处敷上5min，可以消除水肿，减轻熬夜后的黑眼圈。用苹果皮煎汤或泡茶，可治胃酸过多、痰多；将它晒干研，空腹调服（2～3次/d），对慢性腹泻和神经性结肠炎、高血压等病症有一定的疗效。另外，将鲜苹果皮捣烂成泥，蘸在布条上擦拭浴缸、面盆、坐便器等地方，可使其光亮如初。

（三）香蕉皮

香蕉皮中含有蕉皮素，可治疗由真菌和细菌感染所引起的皮肤瘙痒症。香蕉皮还有止渴、润肺肠、通血脉、增精髓等功效。将香蕉皮捣烂，加入姜汁，能消炎止痛。用香蕉皮搓手足，可防治皲裂、冻疮。此外，它还可治疗高血压、防治脑出血症。把香蕉皮晒干磨成粉，还可作为保护皮肤的美容佳品。另外，用香蕉皮反复擦拭皮鞋，可除掉鞋面上的污迹，再打上鞋油，顿时可使足下生辉。

（四）西瓜皮

西瓜皮的作用优于瓜瓤。中医称瓜皮为“西瓜翠衣”，具有清热解暑、泻火除烦、降血压等作用。对贫血、咽喉干燥、唇裂，以及膀胱炎、肝腹水、肾炎患者，均有一定疗效。西瓜皮含有维生素C、E，用它擦拭肌肤，或将它捣成泥浆状涂在皮肤上，待10～15min后用水洗净，有养肤、嫩肤、美肤和防治痱疖的作用。西瓜皮还有晒后修复的功效，将其切成小薄片，敷在晒伤肌肤上，5～10min更换一次；晒伤情况较严重的，可以先将西瓜皮放进冰箱中冷藏，再冰敷，坚持一周左右，治疗晒伤效果明显。

（五）橘皮

橘皮洗净后蒸糖水饮用，有顺气、清肺、祛湿、止咳、化痰的功能。另外，橘皮内含有碱性物质，用它蘸点盐，可将陶瓷、搪瓷、铝铁类饮具、餐具上的污迹一擦而净。橘皮还含有较多的芳香物质，把它放在冰箱中，可除异味。家制生物有机肥里放点橘皮，可使其不发臭。

（六）柚子皮

柚子皮能理气化痰、止咳、平喘。将柚子皮切碎，加适量蜂蜜或饴糖蒸烂，再加少量热黄酒，早晚各一匙内服，可治咳嗽和气喘；用柚子皮煎汤服，还能化痰、消食、定喘、止疝痛。柚子皮散发着浓浓的香味，这是因为柚子皮中含有天然的芳香物质，把它放在房间里可以代替空气清新剂，去除房间里的异味，将白色部分放在通风处吹干，再晒干水分，用刺有小孔的袋子保存，放于衣柜角落或米桶内，可以防虫。

（七）土豆皮

杯子里的茶垢比较难以清洗，其实只要将几片土豆皮放在有茶垢的杯中，倒入开水焖泡5min，最后倒出土豆皮，茶垢就很容易被清除了。

（八）冬瓜皮

冬瓜皮有消暑、健脾、利湿之功效，可用于肾病、肺病、心脏病引起的水肿、腹胀、小便不利等。用冬瓜皮煎汤洗脚，既治脚气，又治脚臭，一举两得。

四、干垃圾的处置

干垃圾包括砖瓦、陶瓷、渣土、铅笔芯、卫生间废纸、废纸巾等难以回收的废弃物，主要介绍下面用过的尿不湿如何进行废物利用。

（一）保湿花盆改造，保持鲜花新鲜

很多时候，家里的盆栽植物夭折枯萎都是因为浇了太多的水导致的。而这个

时候，就可以使用宝宝用过的尿不湿。对鲜花来说宝宝用过的纸尿裤是很好的保养液，把纸尿裤里面的晶体取出，放入温水中，再加入适量醋、糖、漂白剂。然后把鲜花插入装有“保养液”的瓶中，就具有很好的保鲜作用，能维持鲜花好几天不凋谢。

（二）改造临时冰袋，减少生病成本

如果家里有人出现摔伤、扭伤、发烧等问题，可以把纸尿裤当作急用冰袋。把沉甸甸的纸尿裤装进干净的塑料袋里，打结密封放进冰箱冷冻10min左右取出。等到什么时候出现扭伤、烫伤，或者是宝宝发烧、红肿的时候拿出来用，敷在红肿处，绝对是一个很好用的冰袋。这样可以起到降温的作用，这也是最现成的冰袋，不需要再去买了。

（三）改造来包桌角，防止宝宝磕到

宝妈可以把宝宝用过的尿不湿，用过的那部分剪掉，留下没有用过的部分。然后把宝宝经常玩的地方和有棱角的地方用剪下来的尿不湿和宽透明胶带粘牢，这样1～3岁的贪玩宝宝在玩的时候就不会担心碰伤了。

第三节　垃圾分类的误区

垃圾分类是对垃圾收集处置传统方式的改革，是对垃圾进行有效处置的一种科学管理方法。随着垃圾分类科普宣传力度的加强，大家对垃圾分类的积极性有了显著的提高。但实际操作起来却云里雾里，没有方向，下面列举了常见的垃圾分类中存在的误区。

一、擦汗的纸巾是纸，厕纸也是纸，能回收

这种说法是错误的。擦过汗的纸巾由于沾有各类污迹，将其再生利用的成本很高，回收价值不大。厕纸由于水溶性太强不可回收，而且纸被污染后不能再回收利用。类似的还有吸油纸、厨房用纸、烟盒等，也不可回收，都属于其他垃圾。

二、铅笔是有害垃圾

这种说法是错误的。铅笔是其他垃圾。因为铅笔的笔芯主要成分是石墨，石墨由碳元素组成，对人体没有伤害。大部分铅笔的外面是一层木质的保护层，其主要成分是纤维素，也是无毒的。

三、大棒骨从厨房来，属于厨余垃圾

这种说法是错误的。大骨棒属于其他垃圾。大棒骨因为“难腐蚀”被列入其他垃圾。类似的还有榴莲壳、椰子壳等，但鸡骨、鱼骨、玉米棒、坚果壳、果核等较软，因“易腐蚀”被列入厨余垃圾。

四、饮料没喝完，塑料饮料瓶直接投入可回收物垃圾桶

这种说法是错误的。塑料饮料瓶里剩下的液体属于纯流质的食物垃圾，应先将液体直接倒进下水口，再将塑料饮料瓶冲洗干净后压扁，投放到可回收物垃圾桶中。这样既可以减少环卫工人的工作量，又可以压缩塑料瓶的体积，方便运输。类似的还有装可乐的易拉罐、装牛奶的利乐包装等。①

五、厨余垃圾都是在厨房中产生的垃圾

这种说法是错误的。厨余垃圾不都是在厨房产生的，家中枯萎的鲜花、修剪的盆栽枝叶等都是厨余垃圾。厨房里面的垃圾也不一定都是厨余垃圾，如厨房用纸是其他垃圾，酱油瓶、醋瓶是可回收物。

六、一次性餐具属于厨余垃圾

这种说法是错误的。一次性餐具则归类为其他垃圾。

七、将厨余垃圾装袋后，直接扔进垃圾桶

这种说法是错误的。常用的塑料袋，即使是可以降解的，也远比餐厨垃圾更难腐蚀。此外，塑料袋本身是可回收物。正确的做法应该是：将厨余垃圾倒入垃圾桶，塑料袋另外扔进可回收物垃圾桶。

八、花生壳属于其他垃圾

这种说法是错误的。花生壳属于厨余垃圾，家里用剩的废弃食用油，目前也归类在厨余垃圾。

九、玻璃瓶收破烂的都不要，属于其他垃圾

这种说法是错误的。玻璃瓶属于可回收物。正确的做法是：投放到小区公共区域设置的可回收物收集容器。

①张国徽.生态文明框架下的中国特色垃圾分类[M].沈阳：辽宁科学技术出版社，2023.

十、尘土不属于其他垃圾

这种说法是错误的。尘土属于其他垃圾,但残枝落叶属于厨余垃圾,包括家里开败的鲜花等。

十一、干的纸尿裤是干垃圾,湿的纸尿裤是湿垃圾

这种说法是错误的。不论纸尿裤湿不湿,都是干垃圾,因为干垃圾、湿垃圾不是根据含水量区分。湿垃圾是指日常生活产生的容易腐烂的生物质废弃物,干垃圾是指除有害垃圾、可回收物、湿垃圾以外的其他废弃物。类似的还有餐巾纸、湿纸巾、卫生间用纸等。

十二、过期食品连带包装物一起丢进垃圾桶

这种说法是错误的。过期食品,如一包受潮过期的瓜子,连带包装物一起丢进垃圾桶显然不妥。因为瓜子容易腐烂,属于厨余垃圾,而包装物(如塑料包装袋)属于可回收物,所以正确做法是:将瓜子投放到厨余垃圾的收集容器,塑料包装袋投放到可回收物的收集容器中。

搞清楚以上的垃圾分类误区后,就可以正确进行垃圾分类投放了。投放前,纸类垃圾应尽量叠放整齐并捆扎,保持干燥,避免揉团;塑料垃圾(各种食品、物品的包装袋)应清理干净;瓶罐类物品应尽可能将容器内的产品用尽,清理干净后压扁。厨余垃圾应做到袋装、密闭投放。投放时应按垃圾分类标识的提示,分别投放到指定的地点和容器中。玻璃类物品应小心轻放,以免破损。投放后应注意盖好容器盖,防止产生异味,滋生蚊蝇,避免对周围环境造成污染。

第三章 固体废物处理技术

第一节 固体废物处理概述

固体废物的处理,通常是指采用物理、化学、生物、物化及生化方法把固体废物转化成适于运输、贮存、利用或处置的过程,固体废物处理的目标是无害化、减量化、资源化。具体采用的技术有:压实技术、破碎技术、分选技术、固化技术、堆肥、厌氧发酵等。

固体废物处置通常是指将固体废物最终置于符合环境保护规定要求的场所或设施,以保证有害物质现在和将来不对人类和环境造成不可接受的危害。《固体废物污染环境防治法》中,固体废物处置是指将固体废物焚烧和用其他改变固体废物的物理、化学、生物特性的方法,达到减少已产生的固体废物数量、缩小固体废物体积、减少或者消除其危险成分的活动,或者将固体废物最终置于符合环境保护规定要求的填埋场的活动。主要包括焚烧、热解、卫生填埋、安全填埋。①

固体废物的成分十分复杂,其形状、大小、物理性质的差别也很大,在对固体废物进行处理与处置之前,为了提高固体废物处理和处置过程的工作效率和改善固体废物的处理和处置效果,一般都对固体废物进行压实、破碎、分级和分选等一种或多种预处理过程,可以缩减体积、缩小粒径差别、增大固体废物的颗粒比表面积、分离不同固体成分、回收有利用价值的物质等。对固体废物进行预处理后可以达到如下目的:使运输、焚烧、热解、熔化、压缩等操作易于进行,更经济有效;提供合适的粒度,有利于综合利用;增大颗粒比表面积,提高焚烧、热解、堆肥处理的效果;减小面积,便于运输和高密度填埋。预处理技术主要有压实、破碎、筛分、分选和脱水等。

①蒋利,李玉梅.环境监测与生态环境保护研究[M].长春:吉林科学技术出版社,2024.

第二节 固体废物的预处理

一、固体废物的压实

压实是一种采用机械方法将固体废物中的空气挤压出来,减少其空隙率以增加其聚集程度的过程。其目的有二:一是减少体积、增加容重以便于装卸和运输,降低运输成本;二是制作高密度惰性块料以便于贮存、填埋或做建筑材料。大部分固体废物(除焦油、污泥等)都可进行压实处理。

压实技术最初主要用来处理金属加工业排出的各种松散废料,后来逐步发展到处理城市垃圾,如纸箱、纸袋和纤维制品等。一般固体废物经过压缩处理后,压缩比(体积减小的程度)为3~5,如果同时采用破碎和压实技术,其压缩比可增加到5~10。压缩后的垃圾或袋装或打捆,对于大型压缩块,往往先将铁丝网置于压缩腔内,再装入废物,因而压缩完成后即已牢固捆好。除了便于运输外,固体废物压实处理还具有三大优点:①减轻环境污染。经过高压压缩的垃圾块切片用显微镜镜检表明,它已成为一种均匀的类塑料结构。北部湾的垃圾块在自然暴露三年后检验,没有任何可见的降解痕迹,足见其确已成为一种惰性材料,从而减轻了对环境的污染。②快速安全造地。用惰性固体废物压缩块作为地基或填海造地材料,上面只需覆盖很薄的土层,所填场地不必做其他处理或等待多年的沉降,即可利用。③节省贮存或填埋场地。废金属切屑、废钢铁制品或其他废渣,其压缩块在加工利用之前,往往需要堆存保管,放射性废物要深埋于地下水泥堡或废矿坑等中,压缩处理可大大节省贮存场地。

(一) 固体废物压实的原理

大多数固体废物是由不同颗粒与颗粒间的空隙组成的集合体。自然堆放的固体废物,其表观体积是废物颗粒有效体积与空隙占有的体积之和:

$$V_m = V_s + V_v$$

其中:V_m为固体废物的表观体积;V_s为固体颗粒体积(包括水分);V_v为空隙体积。

当对固体废物实施压实操作时,随压力的增大,空隙体积减小,表观体积也随之减小,而容重增大。所谓容重,就是固体废物的干密度,用ρ_d表示:

$$\rho_d = \frac{m_s}{V_m} = (m_m - m_w) / V_m$$

其中:m_s为固体废物颗粒质量;m_m为固体废物总质量,包括水分质量;m_w为固体废物中水分质量。

因此，固体废物压实的本质，可看作施加一定压力，提高废物容重的过程。当固体废物受到外界压力时，各颗粒间相互挤压，变形或破碎，达到重新组合的效果。

压实技术适合处理冰箱、洗衣机、纸箱、纸袋、纤维、废金属细丝等压缩性能大而复原性小的物质，木头、玻璃、金属、塑料块等很密实的固体或是焦油、污泥等黏稠半固体物质不宜做压实处理。①

（二）固体废物压实程度的度量

常用下述指标表示废物的压实程度。

1. 空隙比与空隙率

固体废物的空隙比e定义如下：

$$e=\frac{V_v}{V_s}$$

空隙率ϵ比空隙比e更常用，空隙率定义如下：

$$\epsilon=\frac{V_v}{V_m}$$

空隙比与空隙率越低，表明压实程度越高，相应的密度越大。

2. 湿密度与干密度

若忽略空隙中的气体质量，则固体废物总质量（m_m）等于固体物质质量（m_s）与水分质量（m_w）之和：

$$m_m=m_s+m_w$$

因而，固体废物湿密度ρ_w定义如下：

$$\rho_w=\frac{m_m}{V_m}$$

固体废物干密度ρ_d定义如下：

$$\rho_d=\frac{m_s}{V_m}$$

一般废物收运及处理过程中测定的物料质量都包括水分，因此，一般密度均指湿密度。压实前后固体废物密度值及其变化率大小容易测定，比较实用。

3. 体积减小百分比

体积减小百分比：

$$R=\frac{V_i-V_f}{V_i}\times 100\%$$

其中：R为体积减小百分比；V_i为压实前废物的体积；V_f为压实后废物的体积。

①杨治广．固体废物处理与处置[M]．上海：复旦大学出版社，2020.

4. 压缩比与压缩倍数

压缩比r是固体废物经压实处理后体积减小的程度。

$$r = \frac{V_f}{V_i}$$

r越小，压实效果就越好。

压缩倍数n是固体废物经压实处理后，体积压实的程度。

$$n = \frac{V_i}{V_f}$$

n与r互为倒数，n越大，压实效果就越好，实际工程中，习惯上采用n。

（三）固体废物的压实设备及选用

固体废物的压实设备虽然种类很多，外观形状和大小千差万别，但其构造和工作原理大体相同，主要由容器单元和压实单元两部分组成。前者负责接受废物原料；后者在液压或气压的驱动下，依靠压头将废物压实。

根据操作情况，固体废物的压实设备可分为固定式和移动式两大类。凡是采用人工或机械方法（液压方式为主）把废物送到压实机械里进行压实的设备均为固定式。各种家用小型压实器、废物收集车上配备的压实器及转运站配置的专用压实机等，均属固定式压实设备。移动式压实设备是指在填埋现场使用的轮胎式或履带式压土机、钢轮式布料压实机以及其他专门设计的压实机具。固定式压实设备一般设在工厂内部、废物转运站、高层住宅垃圾滑道的底部等场合；移动式压实设备一般安装在收集垃圾的车上，接收废物后即进行压实，随后送往处置场地。在实际选用压实设备时，常根据设备适用于何种物质的压实，将其分为金属压实器（打包机）、非金属压实器（打包机）、城市垃圾压实器等。

1. 金属类废物压实器

金属类废物压实器主要有三向联合式（图3-1）和回转式（图3-2）两种。三向联合式压实器适合用于压实松散金属废物。它具有三个互相垂直的压头，金属废物等被置于容器单元内，而后依次启动1、2、3三个压头，逐渐使固体废物的空间体积缩小，容积密度增大，最终达到一定尺寸。压后尺寸一般在200～1000mm。

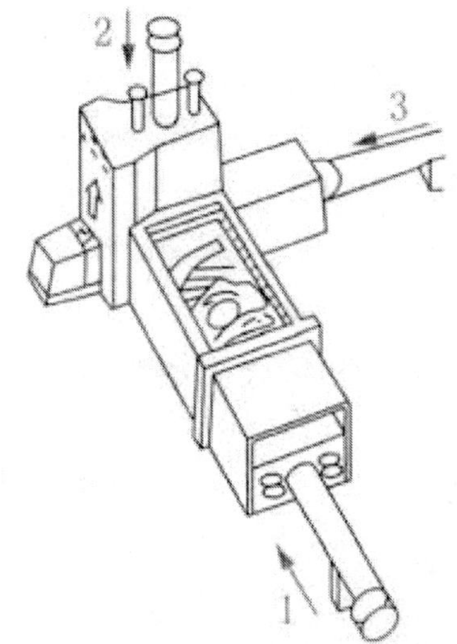

图3-1 三向联合式压实器

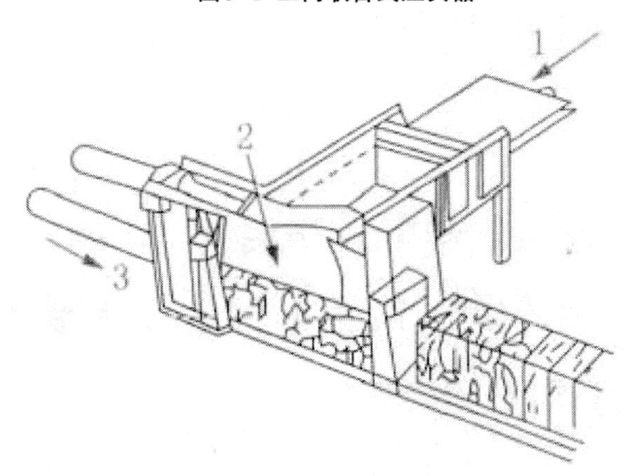

图3-2 回转式压实器

回转式压实器的使用是将废物装入容器单元后，先按水平式压头的方向压缩，然后按箭头的运动方向驱动旋动压头，最后按水平压头的运动方向将废物压至一定尺寸排出。

2. 非金属压实器

非金属压实器是适用于废纸、农作物秸秆等非金属固体废物的压实器，主要有废纸打包机、秸秆打包机等。该类打包机是机电一体化产品，主要由机械系统、控制系统、上料系统与动力系统等组成。整个打包过程由压包、回程、提箱、转箱、出包上行、出包下行、接包等组成。

3. 城市垃圾压实器

城市垃圾压实器与金属类废物压实器构造相似，常采用三向联合式压实器及水平式压实器，其中以水平式压实器更为普遍。城市垃圾在压缩时可能会产生污水、有机物腐败等现象，因此，对城市垃圾压实器，一般都要考虑其密封性能和压实器的表面处理（如金属表面的酸洗磷化、四周涂覆沥青）等问题，以免造成二次污染或影响压实器的使用寿命。图3-3所示是用于压实城市垃圾的水平式压实器。先将垃圾加入装料室，启动具有压面的水平压头，使垃圾致密化和定型化，然后将坯块推出。推出过程中，坯块表面的杂乱废物受破碎杆作用而被破碎，不致妨碍坯块移出。

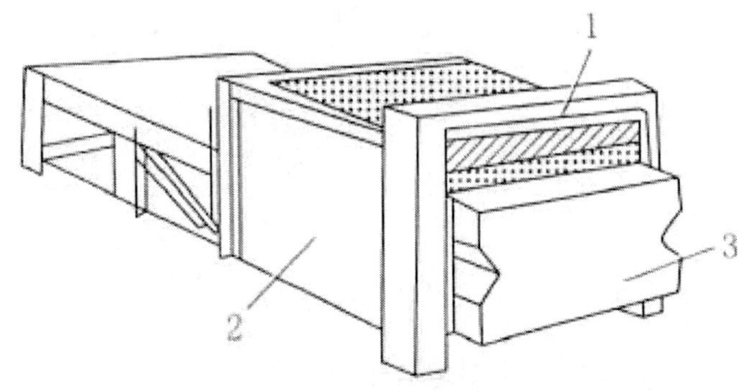

图3-3 城市垃圾压实器

压实器的选择主要针对固体废物的压实程度，选择合适的压缩比和使用压力。应针对不同的废物，采用不同的压实方式，选用不同的压实设备。此外，应注意压实过程中的具体情况，如城市垃圾压缩过程中会出现水分，塑料热压时会粘在压头上等，应对不同废物采用不同的压缩设备。还要注意，压实过程与后续处理过程有关，应综合考虑是否选用压实设备。

压实处理的流程因固体废物的种类、性质、处理目的不同而有别。金属加工业排出的不同形状的金属切屑、碎屑、尾料等金属类废物，均是进行回炉熔炼或再生的宝贵资源，但要制成体积较小、密度较大并具有适宜尺寸的坯块。其基本流程如下：破碎→压实→坯块→回收再生。

二、固体废物的破碎

固体废物的破碎是指利用外力克服固体废物质点间的内聚力，而使大块固体废物分裂成小块的过程。

固体废物破碎的目的如下：可以使得固体废物的容积减少，便于压缩、运输和贮存，高密度填埋处置时，压实密度高而均匀，可以加快覆土还原；使得固体废物中连接在一起的一种材料等单体分离，提供分选所要求的入选粒度，从而有效地回收固体废物中有用的成分；使固体废物均匀一致；比表面积增加，可以提高焚烧、热分解、熔融等作业的稳定性和热效率；防止粗大、锋利的固体废物损坏分选、焚烧和热解等设备或炉膛；为固体废物的下一步加工做准备，比如，煤矸石的制砖、制水泥等都要求把煤矸石破碎到一定粒度以下，以便进一步加工制备。

（一）影响破碎效果的因素

影响破碎过程的因素是物料机械强度及破碎力。物料机械强度是由物料一系列力学性质所决定的综合指标，力学性质主要有硬度、解理、韧性及物料的结构缺陷等。

硬度是指物料抵抗外界机械力侵入的性质。硬度越高、抵抗外界机械力侵入的能力越大，破碎时越困难。硬度反映了物料的坚固性。

对于坚固性指标的测定，一种是从能耗观点出发，如F.C.邦德功指数就是以能耗来测定物料坚固性；另一种是从力的强度出发，如岩矿硬度的测定。国外多用F.C.邦德功指数反映物料的坚固性，这种办法比较可靠，只要测出各种物料的功能指数大小就能判明各种物料的坚固性。我国通常用莫氏硬度及普氏硬度系数f表示物料的坚固性。莫氏硬度是相对硬度，选取10种标准矿物作为硬度等级，这10种矿物及硬度等级分别是：滑石（1）、石膏（2）、方解石（3）、萤石（4）、磷灰石（5）、正长石（6）、石英（7）、黄玉（8）、刚玉（9）、金刚石（10）。

普氏硬度系数是苏联学者普罗托季亚科诺夫提出，用f来表示岩石的坚固性系数，坚固性越大的岩石，普氏硬度系数也越大。常见的岩石普氏硬度系数介于1至20之间。测定岩石普氏硬度系数的方法很多，最简单的方法是用5m×5m×5m岩体试样，使其受单向压缩，设其极限抗压强度为Rkg/cm²，将R值除以100，值即为f。根据f值的大小，将各种岩石的坚固程度分成10级。普氏硬度系数大于4或莫氏硬度等级大于3的页岩不易凿岩爆破、难以破碎粉碎、塑性较差。

$$f=\frac{R}{100}$$

当存在几种物料时，用上述方法测出的数值大小顺序也就反映了它们破碎的难易顺序。

物料受压轧、切割、锤击、拉伸、弯曲等外力作用时所表现出的抵抗性能叫作韧性，包括脆性、柔性、延展性、挠性、弹性等力学性质。一般来说，自然界的物料大多数都具有脆性，但有的较大，有的较小。脆性大的物料在破磨中容易被粉碎，易过磨、过粉碎。脆性小的不容易被粉碎，破磨中不容易过磨、过粉碎。延展性多为一些自然金属矿物所具有，它们在破磨中容易被打成薄片而不易磨成细粒。柔性、挠性及弹性多为一些纤维结晶矿物（如石棉）、片状结晶矿物（如云母、辉钼矿等）所具有，这些物料破碎及解理并不困难，粉碎成细粒十分困难。

物料在外力作用下沿一定方向破裂成光滑平面的性质叫作解理，解理是结晶物料特有的性质。所形成的平滑面称为解理面（若不沿一定方向破裂而形成的凹凸不平的表面则称为断口）。按解理发育程度可分为五种类型：极完全解理、完全解理、中等解理、不完全解理和极不完全解理。

（二）结构缺陷

结构缺陷对物料破碎的影响较为显著，随着物料粒度的变小，裂缝及裂纹逐渐消失，强度逐渐增大，力学的均匀性增高，故细磨更为困难。

总体来说，固体废物的机械强度反映了固体废物抗破碎的阻力。常用静载F测定的抗压强度、抗拉强度、抗剪强度和抗弯强度来表示。其中，抗压强度最大，抗剪强度次之，抗弯强度较小，抗拉强度最小。一般以固体废物的抗压强度为标准来衡量。抗压强度大于250MPa者为坚硬固体废物，抗压强度40～250MPa者为中硬固体废物，抗压强度小于40MPa者为软固体废物。

固体废物的机械强度与废物颗粒的粒度有关，粒度小的废物颗粒，机械强度较高。

按在破碎时的性状划分，物料分为最坚硬物料、坚硬物料、中硬物料和软质物料四种。

（三）破碎方法

破碎方法可分为干式破碎、湿式破碎、半湿式破碎三类。其中，湿式破碎与半湿式破碎在破碎的同时兼具分级分选的处理作用。

干式破碎即通常所说的破碎。按所用的外力即消耗能量形式的不同，干式破碎可分为机械能破碎和非机械能破碎两种方法。机械能破碎是利用工具对固体废物施力而将其破碎的；非机械能破碎则是利用电能、热能等对固体废物进行破碎的新方法，如低温破碎、热力破碎、低压破碎和超声波破碎等。

机械能破碎常用的方法有压碎、劈碎、剪切、磨剥、冲击等。压碎作用是将材料在挤压设备两个坚硬表面之间挤压，这两个表面或者都是移动的，或者一个静止一个移动。劈碎需要刃口，适合破碎机械强度较小的废物，如生活垃圾、秸秆、塑料等。剪切作用是指切开或割裂废物，特别适合用于二氧化硅含量低的松软物料。磨剥作用是在两个坚硬的物体表面的中间碾碎废物。冲击作用有重力冲击和动冲击。重力冲击是物体落到一个硬表面上，在自重作用下被撞碎的过程；动冲击是指供料碰到一个比它硬的快速旋转的表面时发生的作用。一般的破碎机同时兼有多种破碎方法,通常是破碎机的组件与要被破碎的物料间多种作用力起混合作用。

固体废物的机械强度特别是废物的硬度,直接影响破碎方法的选择。对于脆硬性的废物,宜采用劈碎、冲击、压碎;对于柔韧性废物,宜利用其低温变脆的性能而有效地破碎,或是采用剪切、冲击、磨剥,而当废物体积较大不能直接将其供入破碎机时,需要先行将其切割成可以装入进料口的尺寸,再送入破碎机内;对于含有大量废纸的城市垃圾,近年来国外已采用半湿式和湿式破碎。

(四)破碎产物的特性表示

破碎产物的特性通常采用粒度分布情况和破碎比来定量描述。

1. 粒径和粒度分布

表示颗粒尺寸的指标有三个:颗粒形状、粒径和粒度分布。

颗粒形状是指粉末颗粒的外观几何形状,常用颗粒的维数来描述。一维颗粒是针状或棒状的,其长度比其径向尺寸大很多。二维颗粒是片状的,其横向尺寸远大于厚度。大多数粉末颗粒是三维的,此类型中最简单的是球形颗粒,实际颗粒并不是完美的球形,表面多呈不规则状。多孔性三维颗粒通常是不规则的,并且内部具有大量孔隙。

球形颗粒的粒径直接用直径表示,不规则颗粒粒径的代表值一般采用球体等效直径、有效直径、统计直径和筛径等。

球体等效直径是指与不规则颗粒具有相同体积的球体直径。

有效直径是指与颗粒密度相同,并在相同流体中具有相同沉降速度的球形颗粒的直径。

统计直径是指在某个固定方向平行测得的颗粒的长度尺寸。

筛径是指物料通过筛子筛孔的孔径。

粒度分布的表示方法有累积曲线和频度曲线两种。

累积曲线是指比某粒径大或小的颗粒量占总颗粒量的质量分数对应于粒径的曲线。

频度曲线是指某一粒径范围内的颗粒量占总颗粒量的质量分数与粒径间隔的比,对应于各自粒径范围所做的曲线。

2. 破碎比与破碎段

在破碎过程当中,原废物粒度与破碎产物粒度的比值为破碎比 i。破碎比表示废物被破碎的程度。破碎机的能量消耗和处理能力都与破碎比有关。

实际应用过程中,破碎比常采用废物破碎前的最大粒度与破碎后的最大粒度之比来计算，也称极限破碎比。破碎机给料口宽度常根据最大物料直径来选择。

$$极限破碎比 i = \frac{废物破碎前最大粒度 D_{max}}{破碎产物最大粒度 d_{max}}$$

在科研和理论研究中，破碎比常采用废物破碎前的平均粒度与破碎后的平均粒度之比来计算，这一破碎比称为真实破碎比。

$$真实破碎比 i = \frac{废物破碎前的平均粒度 D_{cp}}{破碎产物的平均粒度 d_{cp}}$$

一般破碎机的平均破碎比在3～30。磨碎机破碎比可达40～400。固体废物每经过一次破碎机或磨碎机称为一个破碎段。若要求的破碎比不大，一段破碎即可。有些固体废物的分选工艺要求入料的粒度很细，破碎比很大，可根据实际需要将几台破碎机或磨碎机依次串联起来组成破碎流程。对固体废物进行多次(段)破碎，总破碎比等于各段破碎比的乘积。

$$i = i_1 i_2 i_3 \cdots i_n$$

破碎段数主要取决于破碎废物的原始粒度和最终粒度。破碎段数越多，破碎流程就越复杂，工程投资相应增加。若条件允许，破碎段数应尽量减少。

（五）破碎工艺

根据固体废物的性质、颗粒大小、要求达到的破碎比和选用的破碎机类型，每段破碎流程可以有不同的组合方式。

（六）破碎设备

综合以下因素选择固体废物破碎设备：所需破碎能力；固体废物性质（如破碎特性、硬度、密度、形状、含水率等）和颗粒的大小；对破碎产品粒径大小、粒度组成、形状的要求；供料方式；安装操作现场情况；有效控制所需产品尺寸并且使功率消耗达到最小。

常用破碎机有颚式破碎机、锤式破碎机、冲击式破碎机、剪切式破碎机、辊式破碎机和粉磨机等。

1. 颚式破碎机

颚式破碎机属于挤压型破碎机械，广泛应用于冶金建材和化学工业部门，适于坚硬和中硬废物的破碎。根据可动颚板的运动特性分为简单摆动型、复杂摆动型和综合摆动型。复杂摆动型（复摆型）颚式破碎机破碎产品粒度较细，破碎比可达2～8，简单摆动型（简摆型）破碎比只能达3～6；规格相同时，复摆型破碎机比简摆型破碎机的生产率高20%～30%。

2. 锤式破碎机

锤式破碎机按转子数目不同可分为单转子锤式破碎机和双转子锤式破碎机。单转子锤式破碎机根据转子的转动方向不同又可分为可逆式和不可逆式。

按破碎轴安装方式不同可分为卧轴锤式破碎机和立轴锤式破碎机,常见的是卧轴锤式破碎机,即水平轴式破碎机。破碎固体废物的锤式破碎机还有Hammer Mills式锤式破碎机、BJD型锤式破碎机、Movorotor型双转子锤式破碎机。

锤式破碎机主要用于破碎中等硬度且腐蚀性弱、体积较大的固体废物,还可用于破碎含水分及含油质的有机物、纤维结构物质、弹性和韧性较强的木块、石棉水泥废料,以及回收石棉纤维和金属切屑等。

3. 冲击式破碎机

冲击式破碎机大多是旋转式利用冲击作用进行破碎的设备,主要有Universa型和Hazemag型。冲击式破碎机适用于破碎中等硬度、软质、脆性、韧性及纤维状等多种固体废物,如家具、电视机、杂器等生活废物。

4. 剪切式破碎机

根据活动力的运动方式,剪切式破碎机可分为往复式与回转式。广泛使用的主要有VomRll型往复剪切式破碎机、Linelemann型剪切式破碎机、旋转剪切式破碎机等。剪切式破碎机适用于处理松散状态的大型废物,剪切后的物料尺寸(粒度)可达30mm;也适用于切碎强度较小的可燃性废物。

5. 辊式破碎机

根据辊子的特点,可将辊式破碎机分为光辊破碎机和齿辊破碎机。光辊破碎机可用于硬度较大的固体废物的中碎与细碎。齿辊破碎机可用于脆性或黏性较大的废物的破碎,也可用于堆肥物料的破碎。按齿辊数目的多少,可将齿辊破碎机分为单齿辊和双齿辊两种。

6. 粉磨机

进行粉磨的目的是对废物进行最后段粉碎,使其中各种成分单体分离,为下一步分选创造条件。常用的粉磨机主要有球磨机和自磨机两种。球磨机由圆柱形筒体端盖、中空轴颈、轴承和传动大齿圈组成。自磨机又称无介质磨机,分干磨和湿磨两种。干式自磨机给料粒度一般为300~400mm,一次磨细到0.1mm以下,破碎比可达3000~4000,比有介质磨机(如球磨机)大数十倍。

(七)其他破碎方法

1. 低温破碎

低温破碎是利用物料在低温变脆的性能对一些在常温下难以破碎的固体废物

进行有效破碎的过程，也可利用不同废物脆化温度的差异在低温下进行选择性破碎，主要用于汽车轮胎的破碎。

2. 湿式破碎

湿式破碎是利用特制的破碎机将投入机内的含纸垃圾和大量水流一起剧烈搅拌和破碎成为浆液的过程。

湿式破碎具有以下优点：垃圾变成均质浆状物，可按流体处理法处理；不会滋生蚊蝇和恶臭，符合卫生条件；不会产生噪声、发热和爆炸的危险；脱水有机残渣，无论质量、粒度、水分等变化都小；在化学物质、纸和纸浆、矿物等处理中均可使用，可以回收纸纤维、玻璃铁和有色金属，剩余泥土等可做堆肥。

3. 半湿式破碎

利用不同物质在一定均匀湿度下的强度、脆性（耐冲击性、耐压缩性、耐剪切力）的不同而破碎成不同粒度的过程。该技术具有以下特点：在同一设备工序中同时实现破碎分选作业；能充分有效地回收垃圾中的有用物质；对进料适应性好，易破碎物及时排出，不会出现过破碎现象；动力消耗低，磨损小，易维修；当投入的垃圾在组成上有所变化及以后的处理系统另有要求时，可以改变滚筒长度、破碎板段数、筛网孔径等，以适应其变化。

三、固体废物的分选

固体废物的分选就是将固体废物中各种可回收利用废物，或不利于后续处理工艺要求的废物组分采用适当技术分离出来的过程，包括人工分选和机械分选。固体废物分选是实现固体废物资源化、减量化的重要手段，通过分选将有用的成分选出来加以利用，将有害的成分分离出来；同时将不同粒度级别的废物加以分离，分选的基本原理是利用物料某些性质方面的差异，将其分离开。根据废物组成中各种物质的粒度、密度、磁性、电性、光电性、摩擦性及弹性的差异，将机械分选方法分为筛分、重力分选、光电分选、磁力分选、电力分选和摩擦与弹跳分选。

（一）人工分选

人工分选是在分类收集基础上，主要回收纸张、玻璃、塑料、橡胶等物品的过程。最基本的条件是：人工分选的废物不能有过大的质量、过大的含水量和对人体的危害性。人工分选的位置大多集中在转运站或处理中心的废物传送带两旁。经验表明：运送待分拣垃圾的皮带速度以小于9m/min为宜。一名分拣工人大约在1h内拣出0.5t的物料。

人工分选识别能力强，可以区分用机械方法无法分开的固体废物，可对一些无须进一步加工即能回用的物品进行直接回收，同时还可消除所有可能使得后续处理系统发生事故的废物。虽然人工分选的工作劳动强度大、卫生条件差，但目前尚无法完全被机械代替。

（二）筛分

筛分是根据固体废物尺寸大小进行分选的一种方法，在城市生活垃圾和工业废物的处理上得到了广泛应用，包括湿式筛分和干式筛分两种操作类型。

筛分是利用筛子将物料中小于筛孔的细粒物料透过筛面，而大于筛孔的粗粒物料留在筛面上，完成粗、细粒物料分离的过程。该分离过程可看作由物料分层和细粒透筛两个阶段组成。物料分层是完成分离的条件，细粒透筛是分离的目的。

为了使粗、细物料通过筛面而分离，必须使物料与筛面之间具有适当的相对运动，使筛面上的物料层处于松散状态，按颗粒大小分层，形成粗粒位于上层、细粒处于下层的规则排列，细粒到达筛面并透过筛孔。同时，物料和筛面的相对运动还可使堵在筛孔上的颗粒脱离筛孔，以利于细粒透过筛孔。粒度小于筛孔尺寸3/4的颗粒，容易通过粗粒形成的间隙到达筛面而透筛，称为“易筛粒”；粒度大于筛孔尺寸3/4的颗粒，较难通过粗粒形成的间隙，而且粒度越接近筛孔尺寸就越难透筛，这种颗粒称为“难筛粒”。

1. 筛分用途

根据筛子的位置不同，将筛子分为四类，分别有着不同的用途。

一是准备筛分。为了让某个操作过程的物料满足粒度要求，将固体废物按粒度分成几个级别，分别送往下一工序。

二是预先筛分和检查筛分。通常与破碎工艺配合使用。预先筛分是在把物料送入破碎机之前，将小于破碎机出料口宽度的颗粒预先筛分出去，以提高破碎机的效率；检查筛分则是对已经破碎的物料进行筛分，将尚未达到要求粒度的物料返回破碎机的入口进行再破碎。

三是选择筛分。废物经过某一个或某些筛分工序以后，将浓缩成有用成分的部分与基本上是无用成分的部分分开。筛孔必须调整到合适的大小。

四是脱水或脱泥筛分。主要用于清洗或脱水操作。清洗是为了得到较为清洁的筛上物；脱水是为了去除废物中过多的含水量，以便进行下一步处理或处置，如焚烧或填埋。

2. 筛分效率

通常用筛分效率评定筛分设备的分离效率。筛分效率是指实际得到的筛下产品质量与入筛废物中所含小于筛孔尺寸的细粒物料质量之比，用百分数表示，如下：

$$E = \frac{m_1\beta}{m\alpha} \times 100\%$$

其中：E为筛分效率；m_1为筛下产品质量；β为筛下产品中小于筛孔尺寸的细粒的质量分数；m为入筛固体废物质量；α为入筛固体物料中小于筛孔的细粒的质量分数。

筛分效率通常低于85%~95%。筛分效率主要受筛分物料性质、筛分设备性能和筛分操作条件的影响。

固体废物的粒度和形状对筛分效率的影响很大。理论上，只要小于筛孔的颗粒都可以通过，但实际上，同样大小的球形和多面体颗粒远比片状或针状颗粒容易通过筛孔。纤维状的颗粒实际上基本不能通过筛孔。由于颗粒之间的相互阻碍和架桥作用，与筛孔大小相近的颗粒比更小的颗粒更难通过筛孔。固体废物的含水率和含泥量对筛分效率也有一定的影响。当废物含水率较小（小于10%）时，筛分效率随含水率增高而降低。当筛孔较大、废物含水率较高（大于10%）时，反而造成颗粒活动性的提高，此时水分有促进细粒透筛作用，但此时已属于湿式筛分法，筛分效率较高。水分影响还与含泥量有关，当废物中含泥量高时，稍有水分就能引起细粒结团。

3. 筛面

常见的筛面有棒条筛面、钢板冲孔筛面及钢丝编织筛网等。棒条筛面有效面积小，筛分效率低；钢丝编织筛网则相反，有效面积大，筛分效率高；钢板冲孔筛面介于两者之间。钢丝编织筛网的筛孔形状为正方形，与圆形筛孔相比，方形筛孔的边缘易发生阻塞。粒度较小、颗粒间凝聚力较大的固体废物适合用圆形钢板冲孔筛面筛分。片状颗粒或针形颗粒分离时，使用有长方形筛孔的棒条筛面较好，此时，应使筛孔的长轴方向与筛板的运动方向垂直。

在筛分操作中应注意连续均匀给料，使废物沿整个筛面宽度铺成薄层，提高筛子的处理能力和筛分效率。及时清理和维修筛面也是保证筛分效率的重要条件。筛分设备振动程度不足时，物料不易松散分层，使透筛困难；振动过于剧烈时，物料来不及透筛，便又一次被卷入振动中，使废物很快移动至筛面末端被排出，也使筛分效率不高。因此，对于振动筛，应调节振动频率与振幅等；对滚筒筛而言，重要的是转速的调节，使振动程度维持在最适宜水平。

4. 筛分设备

筛分设备广泛用于许多工业部门，因为它种类繁多，至今尚无统一的分类标准。一般按筛箱的运动特征将筛分设备分为固定筛、滚筒筛、摇动筛和振动筛五类。滚筒筛、圆筒筛和摇动筛逐渐被淘汰;固定筛与振动筛应用广泛。

(1)固定筛

固定筛的工作部分(筛面)固定不动,物料沿倾斜的筛面靠自重向下滑动,颗粒尺寸小于筛孔的即得到透筛。其优点是不消耗动力,结构简单;缺点是筛分效率低,处理量也不大。

棒条筛就是一种固定筛。它一般由平行的钢棒(方钢、圆钢、钢轨)及横杆焊接在一起而成,钢棒间的宽度即为筛孔尺寸,筛面倾角应大于物料与筛面之间摩擦角,一般取α在35°~45°,黏性物料α为50°。

弧形筛也是一种固定筛。筛面沿纵向(物料运动方向)呈圆弧形,筛条横向排列,筛孔一般为0.5~1mm,一般用于脱水、脱泥和脱介前的预脱水等。

属于固定筛的还有条缝筛和旋流筛。条缝筛的筛面由倒梯形筛条组成,筛孔一般为0.25~1mm,一般用于振动筛前的预脱水。旋流筛主要用于选煤厂粗煤泥的预先脱水、脱泥、分级等回收作业及末煤的初步脱水和分级作业。

(2)振动筛

振动筛的筛箱借助于振动器的作用在一个平面内振动,以使筛面上的物料得到筛分。振动筛是目前许多工业部门最广泛应用的筛分机。目前,振动筛类型有圆振动筛、直线振动筛、共振筛、复合振动筛、概率筛等。其中,圆振动筛和直线振动筛应用最广。滚筒筛又叫圆筒筛,3°~5°安装,圆筒形筛网绕轴线转动,简单、效率低,约为60%。惯性振动筛由不平衡旋转产生离心惯性力,使筛箱振动筛分,效率高,约为90%,但电机使用寿命短,轴承易损坏。共振筛由弹性系统和传动装置发生共振筛分,效率高,处理能力大,但制造工艺复杂,橡胶弹簧易老化。

选择筛分设备时应考虑以下因素:颗粒大小形状,颗粒尺寸分布,整体密度,含水率,黏结或缠绕的可能;筛分器的构造材料,筛孔尺寸、形状,筛孔所占筛面比例,转筒筛的转速、长与直径,振动筛的振动频率、长与宽;筛分效率与总体效果要求;运行特征,如能耗与日常维护、运行难易、可靠性、噪声、非正常振动与堵塞的可能等。

筛分时,需要连续均匀给料,确保均匀的工作状态;控制给料量,过大易堆积难松散,过小处理能力降低;及时清理和维修筛面,以确保正常的筛分效果。

(三)重力分选

重力分选是根据固体废物中不同物质颗粒间的密度差异,在运动介质中利用重力、介质动力和机械力的作用,使颗粒群产生松散分层和迁移分离,从而得到不同密度产品的分选过程。重力分选是在活动的或流动的介质中按颗粒的相对密度或粒度进行颗粒混合物的分选过程。重力分选的介质有空气、水、重液(密度比水大的液体)、重悬浮液等。

影响重力分选的因素主要是物料颗粒的尺寸、颗粒与介质的密度差以及介质的黏度。不同密度矿物分选的难易度可大致地按其等降比(e)判断。

按介质不同,重力分选分为风力分选、跳汰分选、重介质分选、摇床分选和惯性分选等。各种重力分选过程具有共同工艺条件:固体废物中,颗粒间必须存在密度差异;分选过程都是在运动介质中进行的;在重力、介质动力及机械力综合作用下,使颗粒群松散并按密度分层;分好层的物料在运动介质流推动下互相迁移,彼此分离,获得不同密度的最终产品。

1. 重介质分选

重介质分选主要适用于几种固体的密度差别较小及难以用跳汰分选等其他分离技术分选的场合。重介质具有密度高、黏度低、化学稳定性好、无毒、无腐蚀性、易回收等特点。通常将密度大于水的介质称为重介质,包括重液和重悬浮液两种流体。重介质密度介于大密度和小密度颗粒之间。对重介质的要求是密度高、化学稳定性好、无毒、无腐蚀性、易回收、易再生。常用的加重介质有硅铁:含硅13%~18%,密度6.8g/cm^3,耐氧化性,硬度大、磁性强,使用后可再生,性能优越;磁铁矿:含铁大于60%的铁矿粉配制成密度为2.5g/cm^{3}的重介质,可以回收再生。

如颗粒密度大于重介质密度,颗粒下沉;反之,颗粒将悬浮,从而实现物料的分选。重介质分选精度很高,入选物料颗粒粒度范围也可以很宽,适合用于多种固体废物的分选。

实际分离前应筛去细粒部分,大密度物料颗粒粒度下限为2~3mm;小密度物料颗粒粒度下限为3~6mm。采用重悬浮液时,粒度下限可降至0.5mm。重介质分选不适合用于包含可溶性物质和成分复杂的城市垃圾的分选,主要应用于矿业废物分选过程。

2. 跳汰分选

跳汰分选是在垂直脉冲介质中颗粒群反复交替地膨胀收缩,按密度分选固体废物的一种方法。跳汰分选的一个脉冲循环中包括两个过程:床面先是浮起,然后被压紧。在浮起状态,轻颗粒加速较快,运动到床面物上面;在压紧状态,重颗粒比轻颗粒加速快,钻入床面物的下层中。脉冲作用是物料分层,物料分层后,密度大的重颗粒群集中于底层,小而重的颗粒会透筛成为筛下重产物,密度小的轻物料群进入上层,被水平向水流带到机外成为轻产物。

按推动水流运动方式，分为隔膜跳汰机和无活塞跳汰机。隔膜跳汰机利用偏心连杆机构带动橡胶隔膜做往复运动，借以推动水流在跳汰室内做脉冲运动；无活塞跳汰机采用压缩空气推动水流。跳汰分选主要用于混合金属的分离与回收。

3. 风力分选

风力分选又称气流分选，是以空气为分选介质，将轻物料从较重物料中分离出来的一种方法。风选实质上包含两个分离过程：分离出具有低密度，空气阻力大的轻质部分和具有高密度、空气阻力小的重质部分；进一步将轻质颗粒从气流中分离出来。

后一分离步骤常由旋流器完成，与除尘原理相似。

4. 摇床分选

摇床分选是使固体废物颗粒群在倾斜床面的不对称往复运动和薄层斜面水流的综合作用下，按密度差异在床面上呈扇形分布而进行分选的一种方法。摇床分选设备常用平面摇床。平面摇床主要由床面、床头和传动机构组成。

摇床分选过程中，颗粒群在重力水流冲力、床层摇动产生的惯性力和摩擦力等的综合作用下，按密度差异产生松散分层，并且不同密度与粒度的颗粒以不同的速度沿床面做纵向和横向运动。它们的合速度偏离方向各异，使不同密度颗粒在床面上呈扇形分布，达到分离的目的。

摇床分选的特点：床面的强烈摇动使松散分层和迁移分离得到加强，分选过程中迁移分层占主导，按密度分选更加完善；摇床分选属于斜面薄层水流分选，等降颗粒按移动速度不同而达到按密度分选的目的；不同性质颗粒的分选，主要取决于它们的合速度偏离摇动方向的角度。

5. 惯性分选

惯性分选是用高速传输带、旋流器或气流等在水平方向抛射粒子，利用由于密度、粒度不同而形成的惯性差异，以及粒子沿抛物线运动轨迹不同的性质，从而实现分离的方法。普通的惯性分选器有弹道分选器、旋风分离器、振动板以及倾斜的传输带、反弹分选器等。

6. 磁力分选

磁力分选有两种类型：一类是传统的磁选，它主要应用于供料中磁性杂质的提纯、净化以及磁性物料的精选；另一类是磁流体分选法，可应用于城市垃圾焚烧厂焚烧灰以及堆肥厂产品中铝、铁、铜、锌等金属的提取与回收。

磁力分选是利用固体废物中各种物质的磁性差异在不均匀磁场中进行分选的

一种处理方法。所有经过分选装置的颗粒，都受到磁场力、重力、流动阻力、摩擦力、静电力和惯性力等机械力的作用。若磁性颗粒受力满足$F_{磁} > \sum F_{机}$(其中：$F_{磁}$为作用于磁性颗粒的吸引力；$\sum F_{机}$为与磁性引力方向相反的各机械力的合力)，则该颗粒就会沿磁场强度增加的方向移动直至被吸附在滚筒或带式收集器上，随着传输带运动而被排出。非磁性颗粒所受到的机械力占优势，对于粗粒，重力、摩擦力起主要作用；对于细粒，静电力和流体阻力则较明显，在这些作用下，细粒仍留在废物中被排出。这样，各组分就实现了分选。

7. 电力分选

电力分选(电选)是利用固体废物中各种组分在高压电场中导电性的差异而实现分选的一种方法。根据导电性物质分为导体、半导体和非导体三种。电选实际上是分离半导体和非导体固体废物的过程。

按电场特征，电选机分为静电分选机和复合电场分选机。

静电分选机中废物的带电方式为直接传导带电。废物直接与传导电极接触，导电性好的废物将获得和电极极性相同的电荷而被排斥，导电性差的废物或非导体与带电滚筒接触被极化，在靠近滚筒一端产生相反的束缚电荷被滚筒吸引，从而实现不同电性的废物分离。

静电分选可用于各种塑料、橡胶、纤维纸、合成皮革和胶卷等物质的分选，使塑料类回收率达到99%以上，纸类基本可达100%。随着含水率升高，回收率增大。

复合电场分选机电场为电晕-静电复合电场，这种复合电场目前被大多数电选机采用。电晕电场是不均匀电场，在电场中有两个电极：电晕电极(带负电)和滚筒电极(带正电)。当两电极间的电位差达到某一数值时，负极发出大量电子，并在电场中以很高的速度运动。当它们与空气中的分子碰撞时，便使空气中的分子电离。空气中的负离子飞向正极，形成体电荷。导电性不同的物质进入电场后，都获得负电荷，它们在电场中的表现行为不同。导电性好的物质将负电荷迅速传给正极而不受正极作用。导电性差的物质传递电荷速度很慢，而受到正极的吸引作用，完成电选分离过程。

8. 摩擦与弹跳分选

摩擦与弹跳分选是根据固体废物中各组分的摩擦系数和碰撞系数的差异，在斜面上运动或与斜面碰撞弹跳时，产生不同的运动速度和弹跳轨迹而实现彼此分离的一种处理方法。

不同固体废物在斜面的运动方式随颗粒的性质或密度不同而不同。纤维状废物或片状废物几乎全靠滑动，球形颗粒有滑动、滚动和弹跳三种运动方式。当颗粒单体(不受干扰)在斜面上向下运动时,纤维体或片状体的滑动速度较小,它脱离斜面抛出的初速度较小;球形颗粒由于做滑动、滚动和弹跳相结合的运动,加速度较大,运动速度较快,它脱离斜面抛出的初速度也较大。因此,固体废物中的纤维状废物与颗粒废物、片状废物与颗粒废物,因形状不同,在斜面上运动或弹跳时产生不同的运动速度和运动轨迹,实现了彼此的分离。摩擦与弹跳分选设备有带式筛、斜板运输分选机和反弹滚筒分选机三种。

9. 光电分选

光电分选是利用物质表面光反射特性的不同而分离物料的方法,可用于从城市垃圾中回收橡胶、塑料、金属、玻璃等物质。

固体废物经预先窄分级后进入料斗,由振动溜槽均匀地逐个落入高速沟槽进料皮带上,在皮带上拉开一定距离并排队前进,从皮带首端抛入光检箱受检。当颗粒通过光检测区时,受光源照射,背景板显示颗粒的颜色或色调,当欲选颗粒的颜色与背景颜色不同时,反射光经光电倍增管转换为电信号(此信号随反射光的强度变化),电子电路分析该信号后,产生控制信号驱动高频气阀,喷射出压缩空气,将电子电路分析出的异色颗粒(欲选颗粒)吹离原来下落轨道,加以收集。颜色符合要求的颗粒则仍按原来的轨道自由下落加以收集,从而实现分离。

10. 浮选

浮选是在固体废物与水调制的料浆中,加入浮选药剂,并通过空气形成无数细小气泡,使欲选物质颗粒黏附在气泡上,随气泡上浮于料浆表面成为泡沫层,然后刮出回收;不浮的颗粒仍留在料浆内,通过适当处理后废弃。

在浮选过程中,固体废物各组分对气泡黏附的选择性,是由固体颗粒、水、气泡组成的三相界面间的物理化学特性所决定的,其中比较重要的是物质表面的湿润性。

(1)浮选药剂

固体废物中有些物质表面的疏水性较强,容易黏附在气泡上,而另一些物质表面亲水,不易黏附在气泡上。物质表面的亲水、疏水性能,可以通过浮选药剂的作用而加强。因此,在浮选工艺中正确选择和使用浮选药剂是调整物质可浮性的重要外因条件。

根据药剂在浮选过程中的作用,可将其分为捕收剂、起泡剂和调整剂。

捕收剂:能选择性地吸附在预选物质颗粒表面,使其疏水性增强,可浮性提高。分为极性(黄药、油酸)和非极性油类(煤油)两种。

起泡剂:表面活性物质,主要作用在水-气界面上使其界面张力降低,促使空气在料浆中弥散，形成小气泡，增大分选界面，提高气泡与颗粒的黏附和上浮过程中的稳定性，以保证气泡上浮形成泡沫层。常用的有松油、松醇油、脂肪醇等。

调整剂：起到调整捕收剂与物质颗粒表面之间的作用，也可调整料浆的性质，提高浮选过程的选择性。其种类包括活化剂、抑制剂（淀粉、单宁等）、介质调整剂（酸、碱）、分散与混凝剂（水玻璃、磷酸盐）等。

（2）浮选工艺

浮选工艺过程主要包括调浆、调药、调泡三个程序。

调浆即调节浮选前料浆浓度。浮选的料浆浓度必须符合浮选工艺的要求。浮选密度及粒度较大的废物颗粒，往往用较浓的料浆；浮选密度较小的废物颗粒，可用较稀的料浆。

调药即调整浮选药剂的过程。调药包括提高药效、合理添加混合用药、料浆中药剂浓度调节与控制等。对一些水溶性小或不溶的药剂，提高药效可采用配成悬浮液或乳浊液、皂化、乳化等措施。药剂合理添加主要是为了保证料浆中药剂的最佳浓度，一般先加调整剂，再加捕收剂，最后加起泡剂。所加药剂的种类和数量，应根据欲选废物颗粒的性质通过实验确定。

调泡即调节浮选气泡的过程。调节气泡直径介于0.05～1.5mm，通常平均约0.9mm为宜。如果气泡过大，可通过降低起泡剂的加入量或加入少量的消泡剂进行调节。将有用物质浮入泡沫产物，无用或回收经济价值不大的物质仍留在料浆内的浮选法称为正浮选。将无用物质浮入泡沫产物中，将有用物质留在料浆中的浮选法称为反浮选。

废物中含有两种或两种以上的有用物质时，通常采用优先浮选或混合浮选方法。优先浮选是将电子废物中有用物质依次一种一种地浮出，成为单一物质产品的浮选方法。混合浮选是将电子废物中有用物质共同浮出为混合物，然后再把混合物中有用物质一种一种地分离的方法。

（3）浮选机

浮选机是实现浮选过程的重要设备。对浮选机的基本要求是：①良好的充气作用；②搅拌作用；③能形成比较平稳的泡沫区；④能连续工作及便于调节。

浮选机种类很多，按充气和搅拌方式的不同，目前生产中使用的浮选机主要有机械搅拌式浮选机、充气搅拌式浮选机、充气式浮选机和气体析出式浮选机四类。机械搅拌式浮选机根据搅拌器结构不同分为XJK型浮选机、维姆科大型浮选机、棒型浮选机等。其中，XJK型浮选机是我国使用最广的浮选机。

机械搅拌式浮选机工作时，料浆由进浆管进入，给到盖板与叶轮中心处，由于叶轮的高速旋转,在盖板与叶轮中心处造成一定的负压,空气由进气管和套管吸入,与料浆混合后一起被叶轮甩出。在强烈的搅拌下,气流被分割成无数微细气泡。预选物质颗粒与气泡碰撞黏附在气泡上而浮升至料浆表面形成泡沫层,经刮泡机刮出成为泡沫产品,再经消泡脱水后即可回收。

第四章 生活垃圾处理技术

第一节 生活垃圾概述

一、生活垃圾的概念

生活垃圾是在日常生活中或者为日常生活提供服务的活动中，产生的固体废物以及法律、行政法规规定视为生活垃圾的固体废物。生活垃圾产量之大、增长之快、危害之严重，已经引起人们的普遍关注。

二、城市生活垃圾的主要组成

通过对代表城市广泛的实地调查和采样分析，我国城市生活垃圾的主要组成如下：居民生活垃圾约占垃圾总量的60%，这类垃圾成分复杂，受时间和季节的影响较大，有较大的波动性；清扫垃圾约占垃圾总量的10%，其平均含水量低，热值比居民生活垃圾略高；社会团体垃圾约占垃圾总量的30%，因产源单位不同，其成分差异较大，但总体组分比较稳定，平均含水率低，含高热值的易燃物较多（见表4-1、表4-2）。

表4-1 城市生活垃圾的来源和主要组成物

来源	主要组成物
居民生活垃圾	厨余物、纸屑、布料、木材、金属、玻璃、塑料、燃烧灰渣、碎砖瓦、废器具等
清扫垃圾	公共场所产生的废物，包括泥沙、灰土、枯枝败叶、商品包装等
社会团体垃圾	商业、工业、事业单位和交通运输部门产生的垃圾，不同部门差异大，厨余垃圾

表4-2 我国典型城市生活垃圾的组分

可燃组分		不可燃组分	
组分	质量百分率/%	组分	质量百分率/%
厨房废渣、果皮	30.12	煤灰	57.25
木屑杂草	2.00	陶瓷、砖、石	7.97
纸张	1.52		
皮革、塑料、橡胶、纤维	1.14		
总计	34.78	总计	65.22

《生活垃圾采样和分析方法》(CJ/T 313—2009)规范了生活垃圾样品的采集、制备和测定。对混合垃圾,要求分析采样量为200kg,一般采用四分法进行采样。其方法是先将混合样品制成圆锥形,按"+"字形从圆锥顶部切分成四份,取出其中对角线两份,即为一次缩分,另外对角线两份舍去。再将一次缩分的两份混合均匀制成圆锥形。以此类推,直到样品量约为200kg为止,这200kg样品即为粗样品。

除四分法外,还可以按照剖面法、周边法、网格法等方法取样。取样后,再按照《生活垃圾采样和分析方法》(CJ/T 313—2009)的规定,进行一次样品和二次样品的制备,一次样品用于物理组分和含水量的分析,二次样品用于生活垃圾可燃物、灰分、热值和化学成分等项目的分析。①

生活垃圾的热值是指单位质量的生活垃圾完全燃烧释放出来的热量,以kJ/kg(或kcal/kg)计。

热值有两种表示法:高位热值(Higher Heating Value,HHV)和低位热值(Lower Heating Value,LHV)。高位热值是指化合物在一定温度下反应到达最终产物的焓的变化。低位热值与高位热值的意义相同,只是产物的状态不同,前者水是液态,后者水是气态。所以,二者之差就是水的汽化潜热。用氧弹量热计测量的是高位热值。将高位热值转变成低位热值可以通过下式计算:

$$LHV = HHV - 2420\left[H_2O + 9\left(H - \frac{Cl}{35.5} - \frac{F}{19}\right)\right]$$

其中:LHV为低位热值(kJ/kg);HHV为高位热值(kJ/kg);H_2O为焚烧产物中水的质量百分率(%);H、Cl、F分别为废物中氢、氯、氟含量的质量百分率(%)。

①代峰.城市生活垃圾资源化处置过程优化配置研究[M].武汉:武汉大学出版社,2023.

三、中国城市生活垃圾成分变化的影响因素

中国地域辽阔，南北温差大，东西经济发展不平衡，燃料结构差别大，生活习惯也有很大不同，因此，中国城市生活垃圾的成分受地域、城市规模及时间变化等影响。例如，在燃气区，城市生活垃圾中的有机物占72.12%，高于无机物（占16.84%）和其他成分（占12.04%）；在燃煤区，有机物只占25.09%，无机物却占70.76%，远远高于燃气区，其他成分只占4.52%；在发达地区，纸张在城市生活垃圾中所占比例很大，但在欠发达地区的生活垃圾中，厨余是主要的组成物。

（一）不同地域城市的影响

相关调查显示，南方城市生活垃圾中的有机物（特别是植物）和可回收物所占比例高于北方城市，其中，塑料、橡胶类所占比例比北方城市高，而灰土等无机物的含量则低于北方城市。北方城市冬季均需要采暖，在燃煤区还需要通过燃煤来供暖，家庭采暖产生的大量煤灰全部进入生活垃圾，这是其成分与南方城市存在差异的主要原因。

（二）不同规模城市的影响

不同规模的城市，其生活垃圾的成分也存在差异。大城市居民的生活和消费水平比中小城市高，城市居民燃气使用率也较高，因而大城市与中小城市之间的垃圾成分存在一定差异。其中，大城市是指城区常住人口不小于50×10^4的城市，中小城市是指城区常住人口小于50×10^4的建制市。大城市生活垃圾中的渣石、灰土等无机物含量明显低于中小城市，有机物和可回收物，尤其是可燃物（如纸类、塑料、橡胶等）的含量明显高于中小城市。大城市生活垃圾中无机物所占的比例远远小于中小城市，而可回收物所占的比例比中小城市高。

四、我国城市生活垃圾现状

经济的发展拉动城市的发展，使我国城市人口在短时间内迅猛增加，城市生活垃圾产量也迅速增加。如此庞大的生活垃圾如不及时处理，我们将生活在垃圾的包围圈中。

我国城市生活垃圾量大、成分复杂，生活垃圾的成分与人们的饮食习惯以及燃料结构密切相关，不同城市的垃圾组成成分不同。城市生活垃圾根据其性质及来源分为可回收垃圾、厨余垃圾、有害垃圾和其他垃圾这四大类，主要成分可分为无机物和有机物。

垃圾处理方法有填埋、焚烧、堆肥和综合处理。我国主要采用填埋和焚烧处理。据统计，2023年我国城市生活垃圾处理设施有近3000个（包含填埋场、焚烧

厂、堆肥厂和综合处理场所)。城市规模不同,垃圾处理设施也就不同。根据城市发展的需要和人类生活的要求,生活垃圾的无害化处理和综合利用越发受到重视。各类城市生活垃圾处理存在差异,但总体上来说是呈上升趋势的,即各类城市垃圾无害化处理量和无害化处理率都在提高。

《生活垃圾分类制度实施方案》(国办发〔2017〕26号)明确在部分城市的城区范围内实施强制分类,包括直辖市、省会城市、计划单列市以及住房城乡建设部等部门确定的第一批生活垃圾分类示范城市,共46个城市。实施生活垃圾强制分类的城市要结合本地实际,制定出台办法,细化垃圾分类类别、品种、投放、收运、处置等方面要求;其中,必须将有害垃圾作为强制分类的类别之一,同时参照生活垃圾分类及其评价标准,再选择确定易腐垃圾、可回收物等强制分类的类别。2017年起,我国部分城市开始建立分类投放、分类收集、分类运输、分类处理的生活垃圾全程“四步走”模式;对生活垃圾的分类也采用了新的分类方法“四分法”——可回收垃圾、易腐垃圾、有害垃圾和其他垃圾。生活垃圾的管理日趋合理、完善。

五、生活垃圾的危害

城市生活垃圾是城市发展的必然产物。在不断发展的现代化城市中,每年都会产生上亿吨的垃圾,垃圾是污染源头,可导致环境污染,甚至直接危害人类健康。垃圾中的病原微生物通过蟑螂、苍蝇、蚊虫、老鼠等向人类传播疾病。有机垃圾容易腐烂,发出臭味污染环境,种类繁多的有机物易使人类发生癌症病变。垃圾产生的渗沥液是更为严重的污染物,成分复杂。大部分渗沥液中金属离子严重超标,如铬、铜、锌、铅、镍、镉、钙、镁、钾和钠等离子,渗沥液中氨氮含量较高,占总氮含量的85%~90%,色度高,呈黄褐色。垃圾渗沥液对地表水、地下水及土壤造成严重污染。因此,城市生活垃圾污染是一个严峻的问题。

第二节 生活垃圾的收集和运输

在国内外环保者眼里,垃圾是放错位置的资源,但是随着国民经济的发展、人们生活水平的提高、城市规模的不断扩大,这种放错位置的资源越来越多,甚至一度出现了垃圾围城的情况。在城市垃圾的收运管理上,每个城市都根据实际情况制订了符合城市现状的收集、运输、处理和管理的方案,同时也投入了大量的资金用于垃圾的收集、运输和处理。有关数据表明,城市垃圾管理费用的80%左右用于垃圾的收运系统,垃圾的收运是垃圾处置过程中任务最繁重、耗资最大的工程。

垃圾收运系统是指垃圾的收集、运输、转运等一系列过程的总和,各个环节的合理配置、协调配合可获得最大的环境、社会和经济效益,如果衔接不好则会造成资源浪费和环境污染。

一、城市垃圾收运现状

生活垃圾收运并非单一阶段操作过程,通常需要包括三个阶段:

第一阶段是从垃圾发生源到垃圾桶的过程,即搬运与贮存(简称运贮)。

第二阶段是垃圾的清除(简称清运),通常是指垃圾的近距离运输。清运车辆沿一定路线收集清除贮存设施(容器)中的垃圾,并运至垃圾转运站,有时也可就近直接送至垃圾处理处置场。

第三阶段为转运,特指垃圾的远距离运输,即在转运站将垃圾转载至大容量运输工具上,运往远处的处理处置场。

(一)生活垃圾的收集

从收集方式上来看,生活垃圾收集有混合收集和分类收集两种模式,目前,我国大部分城市生活垃圾收集方式为混合收集。

1. 混合收集模式

混合收集模式是将所有的垃圾进行混合的统一投放、收集和运输的方法。它管理方法比较简单,对人员职业素质和技术的要求低,且建设费用和运行费用相对较低,是我国城市生活垃圾收集的主要方式。

混合收集将所有的生活垃圾混合在一起收集运输,会将其中一部分有回收利用价值的垃圾污染,破坏其回收利用价值,增大了生活垃圾资源化、减量化的难度。例如,生活垃圾中干燥的纸张、塑料、玻璃、金属和布料等,本是可回收利用的垃圾,但是如果它们由于垃圾收集的不利环境变得潮湿腐蚀或是被其他有害液体污染,则会造成回收成本增加,使其失去回收价值,甚至增加垃圾处理成本。垃圾混合收集容易混入危险废物,如废电池、日光灯管和废油等,不利于我国对危险废物的特别环境管理,并增大了垃圾无害化处理的难度。因此,混合收集被分类收集所取代是收运方式发展的趋势。

我国的垃圾一般选择混合收集后再进行分选,这样会造成人力、物力和财力的浪费,也不利于垃圾中可利用物质的回收和循环利用,可回收垃圾的减少意味着需要处理的垃圾体积量的增多，会造成很大的经济负担，不利于环境可持续发展。[①]

2. 分类收集模式

分类收集模式是指居民将生活垃圾按照政府管理的要求根据垃圾成分进行分类后，投放至不同类别的垃圾收集容器中的收集方法。这种收集方法建设成本高、收运系统复杂，对城市居民的垃圾分类意识和管理制度的要求都较高。

分类收集能够有效地实现垃圾的回收再利用，减少垃圾的最终处理量，是实现垃圾减量化和资源化的重要手段，国外许多发达国家的分类收集模式已经获得了广泛的好评。但是，我国的垃圾分类收集仅仅停留在简单分类的阶段，而后续分类运输、处理处置手段缺乏，国家相关政策和制度还不完善，造成分类收集效果不显著，还造成了较大的经济浪费。

因为混合收集+分选+处理的模式不利于垃圾中可利用物质的回收和循环利用，所以不管采用哪种方式进行垃圾处理，最终需要卫生填埋的垃圾量都将增加，这样，不仅增加了垃圾的处理量和处理难度，还浪费土地资源，因此，建议城市生活垃圾的收集采用分类收集模式。

为了实现垃圾的减量化、资源化和无害化，生活垃圾的分类收集是关键。我国的垃圾分类最初都是照搬国外的模式，将我国城市生活垃圾分为道路生活垃圾、家庭生活垃圾、粗大生活垃圾，居民面对这种细化甚至“烦琐”的分类模式并不适应，也不理解。之后，我国对垃圾的收集模式进行了符合我国路边垃圾桶、袋装投放垃圾桶、定点堆放、城市实际等情况的优化和简化，对生活垃圾仅按照可回收和不可回收两种分类模式进行收集，并试点实施。但是，在对部分环卫工人和城市居民进行调查后发现，大多数人并不了解垃圾分类，对于可回收垃圾和不可回收垃圾也没有概念，只是按照习惯把生活垃圾装进袋子里，放到附近的定点，或是将垃圾“一把扔”。

由于现有的生活垃圾压缩收集箱以及压缩式垃圾车的分类处理和运送功能的缺失，已经分好类的垃圾仍然会被一起放到收集车上，“由分转混”，这对人们进行垃圾分类收集的积极性造成较大打击，也浪费了我国垃圾分类收集设置的装置与设备资源。

（二）分类收集制度的完善

我国的生活垃圾分类需要学习国内外分类收集垃圾的先进经验，强化环保意识，齐抓共管，出台配套政策，引进奖惩机制使垃圾的分类方式、收集方式、监督措

①轩亮．生活垃圾智能分类与分类清运新模式在智慧城市管理中的应用[M]．武汉：武汉理工大学出版社，2023.

施和奖惩制度等都严格化、规范化、制度化,为垃圾的分类收集提供保障,从根本上强硬起来。

垃圾的分类收集,宣传教育工作也是关键。一方面,要全面发动、大力宣传。垃圾的分类收集需要全社会的动员和参与,应加强宣传教育,增强环境保护意识,使所有人都清楚地认识到垃圾混合收集带来的危害,让所有人都能了解、关心和支持垃圾的分类收集工作,为垃圾分类收集模式的实施奠定基础。另一方面,垃圾分类收集是一项长期的战斗,而青少年是承上启下的一代,是接受能力最强的人,也是影响力最大的人,我们不能仅着手于现在,还要放眼未来。学校需要培养在校学生对于垃圾分类收集知识、制度的学习意识,只有教育好了下一代,垃圾分类收集模式才有将来。

近年来,随着经济社会的发展和物质消费水平的提高,我国生活垃圾产生量迅速增长,环境隐患日益突出,已经成为新型城镇化发展的制约因素。2015年9月,中共中央、国务院印发《生态文明体制改革总体方案》,将制定垃圾分类制度列为一项重要改革任务。2017年3月18日,国务院办公厅转发了国家发展改革委、住房城乡建设部《生活垃圾分类制度实施方案》,标志着我国生活垃圾分类投放、分类收集、分类运输、分类处理的垃圾处理系统进入新时期。

二、生活垃圾收运模式

生活垃圾的运输是指采用车辆将收集的生活垃圾运输至转运站或垃圾处理区。目前,我国一般采用"固定式"和"移动式"两种模式进行生活垃圾的运输。我国生活垃圾一般采用小型运输工具(如人力车、电动收集车等)或者流动收集车辆进行运输。采用小型运输工具运输垃圾时一般将垃圾运输至定点站后再统一进行转运,而采用流动收集车时则可以直接运至转运站。我国生活垃圾收运系统中的分类收集、运输和转运三个环节没有很好地衔接在一起,导致不论哪种生活垃圾的运输方式都是混合运输,使得垃圾重复污染,而垃圾的收运只有在分类收集和分类运输同时配套使用时,才能真正实现街面垃圾的全过程分类处理,实现垃圾的减量化、资源化、无害化。

(一)移动容器系统

移动容器系统又叫拖曳容器系统(Hauled Container System,HCS),是指将某集装点装满的垃圾连容器一起运往中转站或处理处置场,卸空后再将空容器送至原处(传统法)或下一个集装点(改进法)的垃圾收集系统。拖曳容器系统又分为简便模式和交换模式。

简便模式:收集点将装满垃圾的容器(垃圾桶)用牵引车拖曳到处置场(或转运站加工场)倒空后再送回原收集点,车子再开到第二个垃圾桶放置点,如此重复直至一天工作结束。

交换模式:开车去第一个垃圾桶放置点时,同时带去一个空垃圾桶,以替换装满垃圾的垃圾桶,待拖到处置场倒空垃圾后又将此空垃圾桶送到第二个垃圾桶放置点,重复至收集线路的最后一个垃圾桶被拖到处置场倒空垃圾为止,牵引车带着这个空垃圾桶回到调度站。

收集系统分析是指针对不同收集系统和收集方法,研究完成所需要的车辆、劳力和时间。分析的方法是将收集活动分解成几个单元操作,根据过去的经验与数据,并估计与收集活动有关的可变因素,研究每个单元操作完成的时间。垃圾收集成本的高低主要取决于收集时间的长短,因此,对收集操作过程的不同单元时间进行分析,可以建立设计数据和关系式,求出某区域垃圾收集耗费的人力和物力,从而计算收集成本。根据垃圾收集过程,可将收集操作过程分为四个基本时间:装载时间、运输时间、卸车时间和非收集时间(其他用时)。

运输时间是指收集车从集装点行驶至终点所需时间,加上离开终点驶回原处或下一个集装点的时间,不包括在终点的时间。

对于拖曳容器系统,装置时间和处置场停留时间相对为常数,但运输时间取决于运输速度和运输距离,通过对不同类型的垃圾收集车辆运输速度和往返于行驶距离的关系进行估算,得出:

$$h = a + bx$$

其中:h为运输时间(h);a为经验时间常数(h);b为经验平均常数(h/km);x为平均往返行驶距离(km)。

用传统法计算装载时间,每次行程集装时间包括容器点之间行驶时间、满容器装车时间及卸空容器放回原处时间三部分。公式如下:

$$P_{hcs} = p_c + u_c + d_{bc}$$

其中:P_{hcs}为装载时间(h);p_c为装载废物容器所需时间(h);u_c为卸空容器所需时间(h);d_{bc}为两个容器收集点之间的行驶时间(h)。

(二)固定容器系统

固定容器系统(Stationary Container System,SCS)收集操作法是指用垃圾车到各容器集装点装载垃圾,容器倒空后就地放回原位,垃圾车装满后运往转运站或处理处置场,最后回到调度站。固定容器收集法的一段行程中,装车时间是关键因素,装车分为机械装车和人工装车两种。

接下来进行收集系统分析。机械装卸车一个往返需要的总时间如下：

$$T_{scs} = P_{scs} + s + a + bx$$

其中：T_{scs} 为固定容器系统运输一次废物所需总时间(h)；P_{scs} 为固定容器系统装载时间(h)；s 为处置场停留时间(h)。

垃圾分类收集的方式不同，运输方式也不同。一般有三种垃圾运输方式：第一种是在不同时段运输不同的垃圾。这种方法使得垃圾在垃圾容器内都有一定的堆放期，而有的垃圾容器并非封闭型的，存在二次污染，对居民和运输人员的素质和监管制度的要求都较高。第二种是采用不同运输车运输不同的垃圾，这样对于运输车的数量要求就是原来的几倍，是机械、人员和运行成本的浪费。第三种是对运输车进行改造优化，使垃圾运输车车厢分区运输，不同类别的垃圾分装到不同的区域里，节约成本和时间。

三、固体废物的中转

中转站是城市垃圾收集运输系统中的一个重要环节。在城市垃圾收运系统中，利用中转站将从各分散收集点收集的垃圾转装到大型运输工具后再将其运输到远处的垃圾处理设施和处置场。只要城市垃圾收集的地点距处理地点不远，用垃圾收集车直接运送垃圾是最常用而且较经济的方法。但随着城市的发展，已越来越难在市区垃圾收集点附近找到合适的地方来设立垃圾处理工厂或垃圾处置场。而且从环境保护与环境卫生角度看，垃圾处理点不宜离居民区太近，因此城市垃圾远运将是必然趋势。垃圾要远运，最好先集中。垃圾收集车是公认的专用车辆，先进而成本高，常需要2～3人操纵，不是为进行长途运输而设计的，因此将其用于长途运输费用会变得很昂贵，还会造成几名工人无事干的“空载”行程，应限制使用。

（一）中转站（转运站）的作用

中转站的作用包括：集中收集和贮存来源分散的各种固体废物；对各种废物进行适当的预处理；降低运输成本；降低收集成本（尽量减少垃圾装车人员的空载）。设立中转站进行垃圾的转运，其突出的优点是可以更有效地利用人力和物力，使垃圾收集车更好地发挥其效益，也使大载重量运输工具能经济而有效地进行长距离运输。然而，当处置场远离收集路线时，是否设置中转站，主要视经济性而定。经济性要考虑两个方面：一方面，中转站有助于垃圾收运总费用的降低，如长距离大吨位运输比小车运输的成本低或收集车一旦取消长距离运输能够腾出时间更有效地进行收集；另一方面，对转运站、大型运输工具或其他必需的专用设备的大量投资会提高收运费用。

要对当地条件和要求进行深入的经济性分析。一般来说，运输距离长，则设置转运合算。那么运距所谓的“长”以何为依据呢？下面就运输的三种方式进行转运站设置的经济分析。

三种运输方式为移动容器式收集运输、固定容器式收集运输、设置中转站转运。三种运输方式的费用方程如下：

$$C_1 = a_1 \times S$$

$$C_2 = a_2 \times S + b_2$$

$$C_3 = a_3 \times S + b_3$$

其中：S为运距；a_n为各运输方式的单位运费；b_n为设置转运站后，增添的基建投资分期偿还费和操作管理费；C_n为运输方式的总运输费。一般情况下，$a_1 > a_2 > a_3$，$b_3 > b_2$。

$S > S_3$时，用第三种方式合理，即需设置转运站；$S < S_1$时，用第一种方式合理，无须设置转运站；$S_1 < S < S_3$时，用第二种方式合理，无须设置转运站。

（二）中转站的选址

中转站应建在小型运输车的最佳运输距离内，具体包括：选择靠近服务区的中心或废物产量最多的地方；选择靠近干线公路或交通方便的地方；选择基建或操作最方便的地方。规划和设计中转站时，应考虑每天的转运量、转运站的结构类型、主要设备和附属设施、对环境的影响等。

（三）每天的转运量

每天的转运量根据服务区域内垃圾高产月份的平均日产量来确定：

$$Q = \delta nq/1000$$

其中：Q为转运站的日转运量（t/d）；n为服务区域的实际人数；q为服务区居民的人均垃圾日产量[kg/（人·天）]，实测或1～1.2；δ为垃圾产量变化系数。

（四）中转站分类

按转运能力分类：大型，$Q > 450$t/d；中型，150t/d $< Q <$ 450t/d；小型，$Q < 150$t/d。

按功能分类：可将中转站分为集中储运站和预处理中转站。集中储运站是一种设施比较简单的收集站，固体废物在此不经任何处理就迅速转运出去，投资小，转运速度快，进行小规模转运；预处理中转站通常配备解毒、中和、脱水、破碎、分选、压缩等设施，可对各种废物进行分类和相应的预处理。

四、生活垃圾收集线路设计

生活垃圾收集线路设计的理想目标是垃圾运输成本最低，即荷载运输线路最短和运输过程中对周围环境影响最小,但实际运行中二者不可能同时满足。依靠科技进步,使生活垃圾的收集系统化、科学化、规范化,是一项重要的发展战略任务。下面以固定容器系统为例介绍如何设计垃圾清运路线:

第一步,在商业、工业或住宅区等的大型地图上,标出每个垃圾桶的放置点、垃圾桶的收集频率和垃圾桶数量。

第二步,根据这个平面图,将每周收集频率相同收集点的数目和每天需要出空的垃圾桶数目列出一张表。

第三步,从调度站或垃圾车停车场开始设计每天的收集线路。

第四步,设计出各种初步线路后,应对垃圾桶之间的平均距离进行计算。

为了响应和满足城市环境保护和城市可持续发展的需要,生活垃圾的收集和运输系统将不断完善,也将向资源化、减量化、规范化和制度化发展,垃圾的分类收集是必然趋势。生活垃圾本就被誉为放错位置的资源,其中存在很多具有回收再利用价值的物质,能够成为再生资源进入新的产品生产中,从而减少生活垃圾的最终处理量,减少垃圾的处理成本。虽然现在我国大都采用混合收集的方式进行垃圾收集,但是这种方式不满足城市的可持续发展要求和国家的政策规定,终将被分类收集模式取代。只有将垃圾进行分类收集,才能降低垃圾后续处理的难度,提高处理效果和回收效率。故可以预见,垃圾的分类收集将不断完善,成为将来发展的主要趋势。目前的垃圾运输车已做到全密封、无污染,但是对于分类垃圾,在运输过程中又会进行混合,不再适用垃圾分类收集的要求。改造垃圾运输车使其符合垃圾的最新收集方式是需要解决的问题,也是未来的趋势。随着经济的不断发展,人们对生活居住环境的要求不断提高,生活垃圾收集运输系统也将不断完善,为我国社会的可持续发展和现代化城市的建设作出贡献。

第三节 生活垃圾的预处理

随着生活水平的不断提高,人们对环境问题越来越重视,垃圾处理的标准也越来越高,生活垃圾处理难的问题已成为困扰当地环境发展的重要问题。我国生活垃圾成分复杂,并且具有可回收物质含量和热值较低、垃圾含水率和可生物降解的有机物含量高的特点,单一方式的垃圾处理系统不仅难以达到垃圾处理资源化、无害化、减量化的要求,而且还会造成浪费。对垃圾进行有效的预处理,不仅可以减少垃圾处理量,还可以回收部分资源性物质。预处理是指进入主要处理工艺前先对垃圾进行分选、破碎、调节水分等处理，使垃圾更能满足后续处理工艺的要求，从而达到更好的无害化、减量化、资源化效果，以提高经济效益。

一、生活垃圾的分选

生活垃圾机械化分选技术的研发始于20世纪80年代，国外发达国家基于垃圾分类回收，为实现生活垃圾中可再生利用资源的分离和回收，同时避免昂贵的人工费用造成处理成本的大幅增加，将选矿技术应用于生活垃圾的机械分选实践，并不断进行有针对性的改进和强化，逐步形成了系列化的分选设备。我国现用的机械化分选技术大多数引自欧美发达国家，并结合生活垃圾特性和混合收运的实际进行转化设计，经过多年的试验和整改，已经可以在对混合收运的生活垃圾进行机械分类的同时，通过各种工艺及设备的组合、配套，实现其中可再利用资源的回收，并将生活垃圾按组分特性进行分流。这已在多项国内生活垃圾处理工程中得到成功应用。当前，生活垃圾处理分选工艺以机械分选为主，人工分选为辅，主要分选工艺包括破袋、破碎、筛分、磁力分选、风力分选、弹跳分选、光电分选、涡电流分选、水力分选等。

破袋设备可以分为被动式和强制式，对应的设备分别为滚筒式破袋机和剪切式破袋机。滚筒式破袋机的优点是装机功率小、能耗低，但受垃圾袋容积、袋装垃圾质量影响，其破袋效率波动较大，有时会降至20%～30%。剪切式破袋机破袋效率相对较高，一般可超过90%，但存在带状物缠绕刀辊、遇硬质物料频繁过载停机、人工清料等现象。剪切式粗碎机源于矿山破碎设备，增加了粗破碎、防缠绕和过硬物质自动排料的功能，破袋效率均在95%以上，但其处理能力略低。

城市生活水平的不同决定了其生活垃圾组分也不同，不同的经济发展水平决定了生活垃圾最终处置方式也不相同，在确定分选工艺和设备时应因地制宜，灵活应用。

（一）根据组分确定分选工艺

依据城市生活垃圾的组分特点进行分选，将主要组分与其他组分分离，分选工艺的选择分析如下。

1. 无机物

无机物主要通过筛分的手段完成分选，对于以灰土为主的无机物成分可以采用圆盘筛或滚筒筛进行筛分，灰土大部分进入筛下物，其他组分进入筛上物。对于砖瓦、陶瓷、煤渣等无机物组分，可通过弹跳分选工艺将其从其他物料中分离。

2. 有机物

有机物主要通过筛分的手段完成分选,可以通过两种筛分手段来实现:一种是用圆盘筛进行预筛分去除灰土,然后再用一级滚筒筛筛分,有机物大部分进入滚筒筛筛下物,其他物料进入滚筒筛筛上物;另一种是利用双级滚筒筛,筛下物为灰土成分,筛上物为可回收物和可燃物的混合物,筛中物为有机物和砖瓦陶瓷等的混合物,筛中物可通过弹跳分选进一步提高有机物纯度。

3. 可回收物

通过人工分选和机械分选相结合来实现可回收物的分选:黑色金属回收物可采用磁选工艺回收;有色金属可采用涡电流分选工艺实现回收;纸张、塑料可通过风力分选实现回收;不同类别的塑料可通过光电分选进一步分离。

4. 可燃物

生活垃圾中可燃物料以木竹、织物、塑料、纸张为主,可通过部分人工分选、部分筛分方式选出。根据组分特征选择合适的筛子,筛上物料以可燃物为主,筛下物则为其他物料。

(二)处理方式确定分选工艺

目前,城市生活垃圾的最终处置方式为填埋、堆肥和焚烧,其中,填埋是城市生活垃圾必不可少的处理手段。分选工艺的选择应依据城市生活垃圾的最终处置方式,确定合理的分选工艺路线,首先去除垃圾处理过程中的无用组分和有害组分,实现垃圾综合处理及资源化。①

以填埋为主的生活垃圾处理方式,如图4-1所示,建议采用的分选工艺,回收部分可循环利用物质,其余进入填埋场。

以堆肥为主的生活垃圾处理方式,如图4-2所示,建议采用的分选工艺,回收部分可循环利用物质,可腐有机物进入堆肥场,其余进入填埋场。

以焚烧为主的生活垃圾处理方式,如图4-3所示,建议采用的分选工艺,回收部分可循环利用物质,可燃物进入焚烧炉,其余进入填埋场。

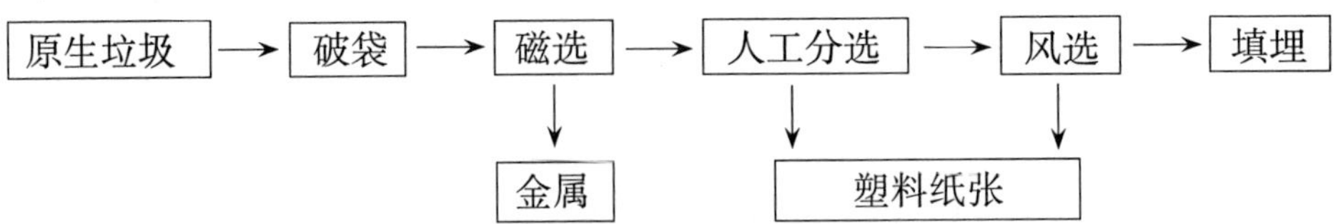

图4-1 以填埋为主的生活垃圾处理分选工艺

①陈昆柏,郭春霞,杨春平,等.工业固体废物处理与处置[M].郑州:河南科学技术出版社,2017.

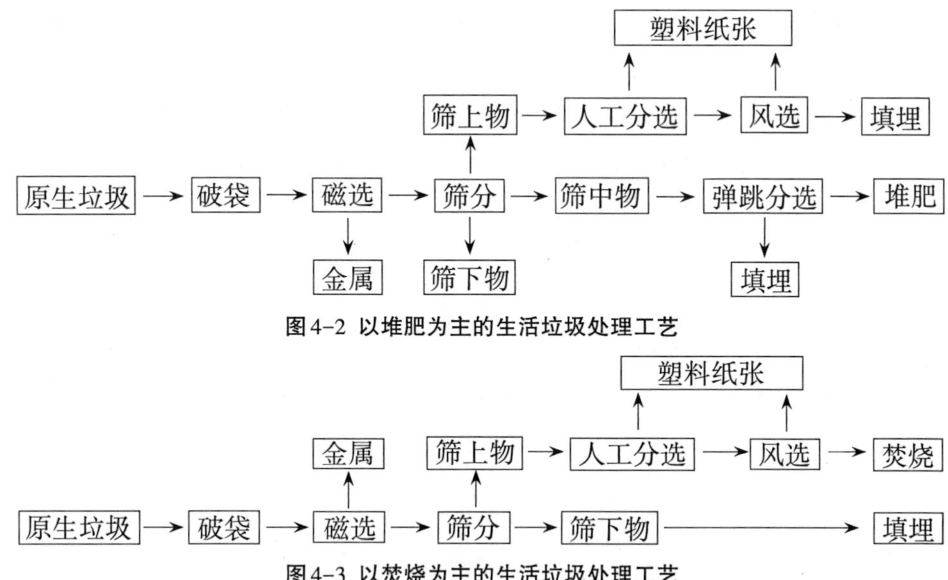

图4-2 以堆肥为主的生活垃圾处理工艺

图4-3 以焚烧为主的生活垃圾处理工艺

城市生活垃圾分选工艺的确定应从实际出发，在满足经济要求的情况下，尽量将各类物料按性质分流集中，以便于后续集中处理，并做到最大化地回收可循环利用物质，为城市生活垃圾综合利用提供便利条件。

二、生活垃圾的压实处理

垃圾压实处理是垃圾运输、处理和处置前常采用的一种预处理方法(单元操作)。可减少运输费，有利于垃圾的厌氧发酵分解，能更有效地利用处置场地。一些工业发达国家将垃圾压实和垃圾的分类收集作业结合在一起，也有的将压实装置装在收集运输车上，实现收集—压实—运输三作业一体化，可大大节省运输费用。

(一) 目的

由于城市垃圾的密度较小，在自然条件下一般只有0.3～0.5t/m³，这给垃圾运输和处置带来许多不便。为此，可以采用压缩技术增大密度、缩小体积。垃圾压缩技术有三个方面的应用。

在垃圾转运站或垃圾运输车辆上，采用压缩装置压缩垃圾，既可以增加车辆的装载量，提高运输效率，又能挤出垃圾的水分，减少垃圾含水率，以防二次污染。

在垃圾填埋过程中，采用压实机械，把松散的垃圾压实，使填埋垃圾密度大于0.6t/m³，这样可以缩小垃圾体积，节省填埋体积，同时可以减少蚊蝇、鼠类的滋生，减少对环境的污染。

在垃圾预压缩时,可以采用固定式压缩机械,把垃圾压缩成块,作为填筑材料使用。

以城市固体废物为例,压实前密度通常在0.1~0.6t/m³,经过压实器或一般压实机械压实后密度可提高到1t/m³左右,因此,固体废物填埋时常需要进行压实处理,尤其对于大型废物或中空性废物,事先压碎更显必要。

(二)处理流程

是否选用压实处理以及压实程度如何,都要根据具体情况而定,要有利于后续处理。如果垃圾压实后会产生水分,不利于风选分离其中的纸张,则不应进行压实处理;对于要分类处理的混合收集垃圾一般也不应过分压实。如果对垃圾只做填埋处理,深度压实无疑是一种最应重视的处理方法。

美国、日本等国家对城市垃圾进行压缩填埋处理的应用比较广泛,其主要工艺流程如下:先将垃圾装入四周垫有铁丝网的容器,送入压缩机压缩,然后将压缩后的垃圾块浸入熔融的沥青浸渍池中。涂浸沥青防漏,待涂浸好的压块冷却固化后,再将垃圾块用运输皮带装车运往垃圾填埋场。压缩产生的污水经油水分离器进入活性污泥处理系统,处理后的水灭菌排放。

城市垃圾压实处理的主要目的是便于填埋处置,垃圾压实成坯块后不仅有利于运输且降低运输费用,还能提高填埋场的利用率。含有有害废物的城市垃圾,为防止其有害物质释出进入环境而造成危害,要求压实后的坯块有较高的强度,并需要采用稳定材料对其进行包覆(固化)处理,然后送填埋场处置。

影响填埋场生活垃圾压实效果的因素主要有四个:①垃圾层的厚度,是最重要的影响因素。为了获得最大的压实密度,垃圾应推铺成不超过0.6m厚的薄层。一般来讲,垃圾层推铺越厚,其压实效果就越差。②压实机重复行走次数和行走路线影响压实密度,当压实次数达到3~5遍时即可获得较好的效果。③垃圾堆填坡度的大小影响压实密度,当作业面坡度控制在(1:5)~(1:6)时可达到较好的压实效果。

垃圾的含水率影响压实密度,当含水率在50%左右时,压实密度达到最大。

填埋场压实机的主要目的是铺展和压实废物,也可用于表层土的覆盖,当然最重要的是获得最好的压实效果。开放的填埋面积应尽可能保持在最小规模。影响压实后密度的最重要的可控因素是每一层的深度。为了达到最大压实密度,废物应以400~800mm厚为一层进行铺展和压实(成分不同,厚度不同)。一般情况层厚为500mm。此外,垃圾的密度也取决于压实的次数。压实2~4次后可以达到理想的密度,继续压实效果不会太明显。

前方斜面操作是使用压实机最有效的方法。斜面越平坦，压实效果就越好，因为只有在较平坦的工作面才能最有效地利用压实机自身的重量。另外，平坦的工作面能够减少压实机燃料的消耗，前方斜面操作还可以有效地控制雨水的流向，使之不会在装卸区积存。

选择压实机应注意三点：①在同等效率下，应选取压实力较大而功率较小的压实机；整机对地面压力要小于垃圾表面的承载力。②应根据要进行填埋的垃圾种类和要达到的压实效果，选择合适的压实机。③高度压实可延长填埋场的使用寿命，从而降低填埋场单位面积垃圾的处理成本。在选择压实机时还应考虑压实方法、道路运输情况、天气、表面覆盖材料的类型和特性等。

另外，压力大小决定了压实的程度，每层垃圾铺得越薄，则压缩效果就越好。履带式机械的接地压力较小，因此压实效果并不理想。

第四节　厨余垃圾

厨余垃圾是指居民日常生活及食品加工、饮食服务、单位供餐等活动中产生的垃圾和废弃食用油脂等。厨余垃圾中水分、有机物、油脂及盐分含量高，具有易腐烂、营养元素丰富等特点。全世界厨余垃圾约占市政固体垃圾总量的30%～50%，其最主要的处理方式是填埋。

我国厨余垃圾中主要包括食物垃圾、油脂、纸张、骨头、木头、织物、塑料及金属等，其中，食物占70%～90%，含水率在70%以上，含油率1%～5%，有机质占干物质含量的80%以上，粗蛋白约占干物质量的15%，碳氮比一般为(10:1)～(30:1)。因此，厨余垃圾具有高含水率、高有机物含量、高油脂、高盐分、易腐烂、少量非食物杂质等特点。

在对厨余垃圾资源化前，必须进行垃圾预分选处理，分选出厨余垃圾中的各类污染物，并分别加以分类分级处置，提高厨余垃圾再利用率。厨余垃圾资源化利用主要以生物技术处理为主，物料的性质对生物处理过程、反应器类型、运行稳定性、产品性质等都有较大的影响。厨余垃圾预分选处理技术主要包括破袋、人工分选、滚筒筛分、弹跳分选、风力分选、红外分选、破碎等。典型的厨余垃圾预处理工艺包括沥水、分选、制浆、除砂、提油等过程，为后续厌氧处理提供有机物质含量较高的原料。因此，对厨余垃圾进行分选，根据物料特性实现分级利用是实现厨余垃圾减量化、无害化、资源化综合利用的关键。①

厨余垃圾的主要资源化利用方法包括厌氧消化、好氧堆肥、生物饲料、昆虫养殖、热处理技术及生物炼制生产高附加值化学品等。厨余垃圾中的有机质含量可超过60%,是一种优质的堆肥原料,但是厨余垃圾中含水率及盐分含量较高,对堆肥工艺及堆肥后产品的品质需要严格控制。

厨余垃圾中含有丰富的蛋白质物料,经过微生物发酵后可生产含有高活性蛋白的生物饲料,该技术路线不仅能够提高厨余垃圾的资源利用效率,而且对改善生态环境具有重要意义。微生物生产的生物饲料具有蛋白消化吸收率高、适口性好等优点。以厨余垃圾为原料,采用枯草芽孢杆菌和酵母发酵可以生产出富含有益微生物和多种酶的生物饲料,但目前多为实验室规模的研究,工厂化规模的厨余垃圾生产蛋白质饲料的研究相对较少。厨余垃圾生产动物饲料的不安全性难以解决,可能含有口蹄疫病菌、猪瘟病菌等病原微生物,同时盐分含量也较高。我国各地区明文禁止用厨余垃圾喂养生猪。《固体废物污染环境防治法》规定,禁止畜禽养殖场、养殖小区利用未经无害化处理的厨余垃圾饲喂畜禽。因此,厨余垃圾饲料化有较大的风险,未来需要加大对工厂规模的蛋白质饲料生产过程优化的研究,同时加强对厨余垃圾源生物饲料的安全风险评价。

厨余垃圾养殖昆虫的研究逐渐受到关注,其中研究较多的是利用厨余垃圾养殖黑水虻。有机固体废弃物养殖黑水虻技术在我国广东平远县、陕西渭南市、江苏盐城市等地都有生产案例。黑水虻具有可直接食用新鲜的厨余垃圾的特点,而且具有食谱宽、食量大、容易成活、幼虫营养价值全面、生态安全性高、抗逆性强、对油盐不敏感等优点,被认为是厨余垃圾昆虫处置领域最具产业化前景的生物种类。研究表明,黑水虻处理厨余垃圾可大幅度减少厨余垃圾的体积,控制恶臭气体的排放量,同时能够减少苍蝇滋生,并有效地消除病原微生物。厨余垃圾养殖完黑水虻后可经过筛分得到黑水虻老熟幼虫及虫沙。老熟幼虫富含较高的蛋白质,可用来加工制备高附加值的昆虫蛋白源饲料,生产出来的虫沙可开发成具有高附加值的有机肥料。利用厨余垃圾养殖黑水虻是实现厨余垃圾减量化、无害化和资源化的一种有效的方式。

水热炭化是指在密闭的体系中,以湿碳水化合物为原料,在一定的温度和自身产生的压力条件下,经过一系列复杂反应转化为碳材料的过程。水热炭化工艺是一种能够实现厨余垃圾无害化处理的技术。水热炭化相较于传统裂解法,更为温

①王京敏,尉立华,马保民,等.固体废物管理标准化助推"无废城市"建设[J].中国标准化,2024,(10):102-106.

和，固型生物质炭可通过固液分离获得，对设备要求低；水热炭化无须干燥预处理，一步成炭，更适合工业应用。研究表明，热值和水热炭中碳的比例随着温度的升高而升高，当水热温度为300℃时，得到的水热炭的高位热值达到了31MJ/kg。水热炭化后，厨余垃圾中的大部分的氮、钙和镁仍在固相的水热炭中，而大部分的钾和钠则在液相中，磷的变化和温度及反应时间有关。目前关于厨余垃圾水热炭化技术的研究多集中在实验室及中试阶段，对厨余垃圾水热炭化工程化的应用研究还有待进一步加强。

随着生活垃圾分类工作的进一步加强，回收厨余垃圾中的资源和能源是未来的发展趋势，在厨余垃圾资源化利用过程中的污染主要包括臭气污染及废水污染，其中臭气污染主要产生于厨余垃圾收储运过程和资源化利用过程，废水污染主要来源于厨余垃圾收储运过程中的渗滤和资源化过程中产生的废水。对厨余垃圾资源化利用过程中的臭气及废水的处理直接关系到后续厨余垃圾资源化市场的推广。

恶臭气体是当今世界面临的六大公害之一。厨余垃圾的自然腐败及资源化利用过程均会产生对人体有害的恶臭污染物，主要包括氨、硫化氢以及乙硫醇、乙硫醚、甲硫醇和二甲二硫醚等多种挥发性有机化合物。在臭气控制方面，常用的除臭技术有物理、化学和生物方法。物理法主要是吸附法。化学除臭的方法主要是采用强氧化试剂对臭气进行氧化脱除，如芬顿（Fenton）氧化法对臭气的去除效率可超过90%，该法在处理气态异味污染物方面具有广阔的应用前景。在厨余垃圾堆肥系统里面添加石灰及磷酸盐，可以减少厨余垃圾堆肥系统里面的氨气及挥发性小分子有机酸的排放，能有效改善厨余垃圾堆肥厂环境，同时提高了堆肥产品的品质。生物法因其成本低、环境友好等特点在臭气控制方面使用得较多，常用的生物除臭技术有生物过滤法、生物洗涤法、生物滴滤法、曝气式生物法和天然植物液除臭法等。

厨余垃圾的含水率通常高达90%以上，在厨余垃圾储运及处理过程中会产生大量的废水，如在厨余垃圾存放及堆肥过程中会产生大量的渗沥液，在厨余垃圾厌氧消化处理过程中会产生大量的沼液。厨余垃圾废水水质和水量波动大、有机物及氨氮浓度高、含油含盐量大，极易散发臭气、滋生蚊虫，同时对地表水、地下水、土壤及大气有污染的风险。采用“厌氧 + A/O—MBR + NF + RO”组合工艺，系统COD_{cr}、BOD_5、NH_3-N、SS的平均去除率超过了90%，该工艺具有抗冲击负荷能力强、高效快速、出水水质稳定等优点。另外，因为厨余垃圾废水含有丰富的小分子糖、多肽、氨基酸等营养物质，适合被微生物利用，有学者研究利用厨余垃圾废水制备微生物菌肥，为厨余垃圾废水的处理提供了新的思路。

第五节 生活垃圾的热处理

生活垃圾的热处理是指在高温条件下,使其中可回收利用的物质转化为能源的过程,主要包括生活垃圾的焚烧、热解等。

城市生活垃圾焚烧处理在国外已有100多年的历史。欧美国家经济发达、生活水平高、垃圾产生量大、热值高,对于垃圾焚烧处理极为有利。德国是最早进行垃圾焚烧技术研究的国家,日本是目前世界上拥有垃圾焚烧厂最多的国家,美国也将城市生活垃圾处理的主要方式从填埋转向焚烧。

热解应用于生活垃圾的处理基本还处于研究阶段,焚烧处理生活垃圾在我国已经受到重视,特别是在经济比较发达的城市,垃圾焚烧处理及焚烧发电技术已被大规模应用。国内研发的焚烧炉主要有固定炉排焚烧炉、流化床焚烧炉、回转窑焚烧炉等。焚烧处理技术在消化、吸收、引进的过程中,逐步实现技术和设备的国产化是垃圾处理的必由之路。

一、城市生活垃圾焚烧原理

(一)城市生活垃圾焚烧过程

城市生活垃圾焚烧过程比较复杂,通常由干燥、热分解熔融、蒸发和化学反应等传热、传质过程所组成。一般根据不同可燃物质的种类,有蒸发燃烧、分解燃烧和表面燃烧三种。城市生活垃圾中含有多种有机成分,其燃烧过程不可能是某一种单纯的燃烧形式,而是包含蒸发燃烧、分解燃烧和表面燃烧的综合燃烧过程。一般而言,生活垃圾在焚烧时将依次经历脱水、脱气、点燃燃烧、熄火等步骤。

由于城市生活垃圾燃烧过程的机理极其复杂,各种元素的氧化程度不同。但为了较好地认识生活垃圾的焚烧过程,一般可以将总的焚烧过程依次分为干燥、热分解和燃烧三大过程。当然,在实际的燃烧过程中三者没有严格的界限,只不过有时间的先后顺序而已。[①]

1. 干燥过程

城市生活垃圾的干燥过程是利用热能使水分汽化,并排出生成的水蒸气的过程。按热量传递的方式,可将干燥分为传导干燥、对流干燥和辐射干燥三种方式。城市生活垃圾的含水率较高,一般为30%~55%,故干燥过程中需要吸收很多的热能。生活垃圾的含水量越大,干燥过程所需的热能就越多,所花的时间也越长,焚

①白建松.关于城市生活垃圾数字化管理优化研究[J].智能建筑与智慧城市,2024,(3):186-188.

烧炉内的温度下降也就越快，对生活垃圾焚烧的影响也就越大。严重时会使生活垃圾的焚烧难以维持下去，而必须从外界供给辅助燃料，以保证燃烧过程的顺利进行。

2. 热分解过程

城市生活垃圾的热分解过程是生活垃圾中多种有机可燃物在高温作用下的分解或聚合化学反应过程，反应的产物包括各种烃类、固定碳和不完全燃烧物等。生活垃圾中的可燃固体物一般由C、H、O、N、S、Cl等元素组成。这些物质的热分解包含多种反应，既有吸热反应也有放热反应。

城市生活垃圾中有机可燃物的活化能越小、热分解温度越高，则其热分解速度就越快。同时，热分解速度还与传热传质速率有关。

3. 燃烧过程

燃烧是具有强烈放热效应、有基态和电子激发态的自由基出现，并伴有光辐射的化学反应现象。城市生活垃圾的燃烧过程是在氧气存在的条件下有机物质的剧烈氧化放热过程。生活垃圾的实际燃烧过程十分复杂，经干燥和热分解后，产生许多不同种类的气、固态可燃物，这些可燃物在与氧混合并达到一定着火条件后就会形成火焰而燃烧。城市生活垃圾的燃烧实际上是一个既有固相燃烧又有气相燃烧的非均相燃烧的混合过程，它比纯固态燃烧或纯气态燃烧均复杂得多。

（二）城市生活垃圾焚烧过程的影响因素

影响城市生活垃圾焚烧过程的因素有许多，但主要因素则是城市生活垃圾的性质、停留时间、燃烧温度、湍流度、过量空气系数等，其中停留时间（Time）、燃烧温度（Temperature）和湍流度（Turbulence）被称为“3T”要素，是反映焚烧炉性能的主要指标。

1. 停留时间

城市生活垃圾燃烧所需的时间就是烧掉生活垃圾所需的时间。为了使生活垃圾能在炉内完全燃烧，就需要垃圾在炉内有足够的停留时间。一般认为，生活垃圾焚烧所需的时间与垃圾固体粒度的平方近似成正比，固体粒度越细，与空气的接触面越大，燃烧的速度就越快，垃圾在炉内的停留时间也就越短。同时，生活垃圾燃烧所需的时间与生活垃圾的含水量也有一定的关系。一般来说，垃圾含水量越高，干燥所需的时间越长，垃圾在炉内所停留的时间也就越长。

此外，停留时间也指燃烧产物烟气在炉内所停留的时间。燃烧烟气在炉内所停留时间的长短决定气态可燃物的完全燃烧程度。一般来说，燃烧烟气在炉内停留的时间越长，气态可燃物的完全燃烧程度就越高。

2. 燃烧温度

城市生活垃圾的燃烧温度是指生活垃圾焚烧所能达到的最高温度。城市生活垃圾的燃烧温度越高,有毒可燃物分解得就越彻底,垃圾燃烧得越完全,垃圾焚烧效果就越好。一般来说,生活垃圾的燃烧温度与生活垃圾的燃烧特性有直接的关系,生活垃圾的热值越高、水分越低,燃烧温度也就越高。通常要求生活垃圾的燃烧温度高于800℃。

3. 湍流度

湍流度是表征城市生活垃圾和空气混合程度的指标。湍流度越大,生活垃圾和空气的混合程度越好,有机可燃物燃烧反应也就越完全。城市生活垃圾燃烧炉内的高湍流环境是靠燃烧空气的搅动来达到的,加大空气供给量、采用适宜的空气供给方式,可以提高湍流度,改善传热与传质的效果,有利于垃圾的完全燃烧。

4. 城市生活垃圾的性质

城市生活垃圾的热值、组分、含水量、尺寸等是影响生活垃圾的主要因素。热值越高,燃烧过程越易进行,燃烧效果就越好。垃圾尺寸越小,单位比表面积越大,燃烧过程中垃圾与空气的接触就越充分,传热传质的效果越好,燃烧就越完全。

5. 过量空气系数

过量空气系数对城市生活垃圾的燃烧状况有很大的影响,供给适量的过量空气是有机可燃物燃烧的必要条件。增大过量空气系数既可以提供过量的氧气,又可以增加焚烧炉内的湍流度,有利于生活垃圾的燃烧。但过量空气系数过大又有一定的副作用,过量空气系数过大,既降低了炉内燃烧温度,又增大了垃圾燃烧烟气的排放量。

(三)城市生活垃圾的焚烧产物

城市生活垃圾在焚烧炉内与空气混合燃烧后,其产物主要有烟气、飞灰和炉渣等。

1. 烟气的产生与特性

城市生活垃圾燃烧烟气的成分、烟气量与生活垃圾的组分、燃烧方式、烟气处理设备等有关。城市生活垃圾的组分十分复杂,可燃的生活垃圾基本上是有机物,有大量的碳、氢、氧、氮、硫、磷和卤素等元素。这些元素在燃烧过程中与空气中的氧气起化学反应,生成各种氧化物和部分元素的氢化物,从而成为垃圾燃烧烟气的主要组成部分。

有机碳在焚烧时,其产物为CO_2气体。

有机物中的氢在焚烧时,其产物为水蒸气,当有氟、氯等存在时也可能会生成卤化氢。

生活垃圾中的有机硫在焚烧时,其产物为二氧化硫或三氧化硫。

生活垃圾中的有机磷在焚烧时,其产物为五氧化二磷。

生活垃圾中的有机氮化物在焚烧时,其产物为氮气和氮的氧化物。

生活垃圾中的有机氟化物在焚烧时,其产物主要是氟化氢。如燃烧体系中氢的量不足并与所有的氟结合成氟化氢时,可能会生成四氟化碳或二氟化碳。

生活垃圾中的有机氯化物在焚烧时,其产物为氯化氢。

生活垃圾中的有机溴化物在焚烧时,其产物为溴化氢及少量的溴。

生活垃圾中的有机碘化物在焚烧时,其产物为碘化氢及少量的元素碘。

由此可见,城市生活垃圾焚烧时,其烟气成分特别复杂,与一般燃料燃烧时所产生的烟气在组分上有较大的区别,主要表现在HCl和CO_2的浓度较高。

2. 其他污染物

飞灰:焚烧过程中产生的飞灰一般为无机物质,主要是金属的氧化物和氢氧化物、碳酸盐、磷酸盐及硅酸盐,来源于垃圾中的不熔氧化物、非挥发性金属及不完全燃烧的有机物等。

酸性气体:包括HCl、NO_x、SO_x等,主要由垃圾中的含氯、含氟与含硫等化合物高温燃烧时生成。

金属化合物(重金属):烟气中的金属化合物一般由垃圾中所含的金属氧化物和盐类等反应生成。这些金属氧化物主要来源于垃圾中油漆、电池、灯管、化学溶剂、废油、油墨等。所含的金属元素按照性质基本可分为三类:①非挥发性元素(沸点大于1200℃),包括铝、钡、铍、钴、镁、铁、钾、硅、钛等,一般存在于飞灰和炉渣之中;②挥发性金属,包括锑、砷、铜、铅、锌等,一般与飞灰凝结在一起;③挥发性汞(700℃),在垃圾焚烧高温烟气中仍是气态。

未完全燃烧产物:主要为一氧化碳、高分子碳氢化合物和氯化芳香族碳氢化合物。现已证实,其中某些芳烃化合物有致癌作用。保证垃圾焚烧炉内完全燃烧是防止该类有毒物质产生的有效手段。

微量有机化合物:主要有多环芳烃(PAHs)、多氯联苯(PCBs)、甲醛及多氯代二苯并呋喃(PCDFs)等。其中,PCDDs和PCDFs是强致癌、致畸的危险性有毒物质,在垃圾焚烧炉内燃烧温度高于200℃时开始生成,温度高于700℃开始分解,当烟气温度高于850℃才能完全分解。

二、燃烧过程中的二噁英污染

我国《生活垃圾焚烧污染控制标准》(GB 18485—2014)规定了生活垃圾焚烧厂的选址要求、技术要求、入炉废物要求、运行要求、排放控制要求、监测要求、实施与监督等内容,对烟气、飞灰、炉渣、渗沥液等排放控制作了规定。其中,生活垃圾焚烧排放的污染物中,危害较大的是二噁英和飞灰。

(一) 二噁英的物理、毒理性质

二噁英是由2个苯环通过与1个氧原子或2个氧原子连接而生成的芳香烃族化合物,其苯环上不同位置上的H被Cl所取代形成了一系列化合物。多氯代二苯并—对—二噁英(PCDDs)与多氯代二苯并呋喃(PCDFs)合称为二噁英。

二噁英是一类非常稳定的亲油性固体化合物,其熔点较高,分解温度大于700℃,极难溶于水,可溶于大部分有机溶液,所以容易在生物体内积累。目前已经发现的可被归为二噁英的化学物质有200多种,并不是所有的都具有显著的毒性,2,3,7,8-四氯代二苯并二噁英(2,3,7,8-TCDD)是已知毒性最强的一种。不同的二噁英类取代衍生物具有不同的毒性,但可以采用毒性等价换算值的方法,用统一的数值来表示其浓度。即将各异构体的浓度乘对应的毒性等价换算系数,则可换算成TCDD的毒性当量。

根据美国EPA1995年的报告,二噁英是迄今人类所发现的毒性最强的物质。其对人类健康的影响超过了20世纪60年代滴滴涕(DDT)杀虫剂对人类健康的影响。非常小剂量的"错误信号"能对激素调控产生极大的影响作用,包括影响细胞分裂、组织再生、生长发育、代谢和免疫功能,因此,二噁英被称为"毒素传递素",影响和危害正常人体系统,如内分泌、免疫、神经系统等。二噁英可存积于空气、土壤、食物(肉制品、乳制品、鱼、蛋、蔬菜等)中,经由食物链在人类身体中累积。二噁英对人的危害可通过空气、饮水、膳食等途径传递。膳食摄入可占总侵害的97.5%,世界卫生组织的分支机构国际癌症研究机构早在1997年的报告中就将2,3,7,8-TCDD列为一级致癌物,其毒性相当于氰化钾(KCN)的1000倍,其他的二噁英毒性以与该化合物毒性比较得到的当量因子进行评价。

(二) 二噁英的来源

二噁英主要来源于固体废物焚烧,约占排放量的90%,含氯农药合成、纸浆的氯气漂白等也可产生二噁英。

关于在焚烧垃圾过程中生成二噁英的各种理论,有以下四种:①燃烧含有微量PCDD的垃圾,在其排出废气中必然产生PCDD;②在有两种或多种有机氯化物存在的情况下,它们是形成PCDD的前驱体,由于二聚作用,这些化合物(氯酚)在适当的温度和氧气条件下就会结合并生成PCDD；③单分子的前驱体化合物的不完全氧化也可生成PCDD，如多氯代二酚的不完全氧化；④由于氯的存在，氯（氯化物）就会破坏碳氧化合物（芳香族）的基本结构，而与木质素（如木材、蔬菜等废物）相结合，促使生成PCDD。

通常认为，燃烧混有金属盐的含氯有机物是产生PCDD/Fs的主要原因，其中金属起催化剂作用，如氯化铁、氯化铜可以催化PCDD/Fs的生成。城市生活垃圾中含有大量的有机氯化物（如塑料、橡胶、皮革）和无机氯化物（如氯化钠），焚烧过程中温度在250～650℃时会生成PCDD/Fs，且在300℃时生成量最大。

（三）二噁英的降解与控制

1. 二噁英的降解

环境中的二噁英是相当稳定的，在深层土壤中2，3，7，8—四氯二苯并—对—二噁英的半衰期长达10～20a，底泥中二噁英也能长期稳定。二噁英在环境中稳定、持久，环境中的二噁英通过垂直迁移、蒸发或降解的损失率很低，表层的二噁英主要损失途径是挥发和降解。环境中二噁英由于具有相对稳定的芳香环，具有稳定性、亲脂性、热稳定性，同时耐酸、碱、氧化剂和还原剂，且抵抗能力随分子中卤素含量的增加而增强，因而二噁英广泛分布于空气、水、土壤中，并具有高度的持久性。

目前环境中的二噁英的降解途径、降解机制及速率成为研究的热点之一。环境中的二噁英，特别是高氯代二噁英，不管是在有氧条件还是在缺氧条件下几乎不发生化学降解。生物代谢也缓慢，主要是光降解。但在有机溶剂如二氧六环、三氯甲烷、环己烷、甲醇等中，用紫外灯照射，它会很快被分解。

2. 二噁英的控制

控制焚烧厂产生PCDDs/PCDFs，可从控制来源、减少炉内形成及避免炉外低温区再合成三方面着手。

控制来源。通过废物分类收集，加强资源回收，避免含PCDDs/PCDFs物质及含氯成分高的物质（如PVC塑料等）进入垃圾中。

减少炉内形成。焚烧炉燃烧室保持足够的燃烧温度及气体停留时间，确保废气中具有适当的氧含量（最好在6%～12%），达到分解破坏垃圾内含的PCDDs/PCDFs，避免产生氯苯及氯酚等物质的目标。控制燃烧温度抑制PCDDs/PCDFs，促使NO_x浓度升高，但若降低燃烧温度来避免NO_x的产生，废气中的CO含量会随之升高。此外，由于炉内蓄热增加提高了锅炉出口废气温度，所以可能促使PCDDs/PCDFs在后续除尘设备内再合成。故而欲同时控制PCDDs/PCDFs及NO_x时，应先以燃烧控制法降低由炉内形成的PCDDs/PCDFs及其先驱物质，再于炉内喷入NH_3或尿素进行无触媒脱氯，或于空气污染防治设备末端进行触媒脱硝以降低可能增加的NO_x浓度。

避免炉外低温再合成。PCDDs/PCDFs炉外再合成现象多发生在锅炉内(尤其在节热器的部位)或在粒状污染物控制设备前。有些研究指出，主要的生成机制为铜或铁的化合物悬浮粒催化生成了二噁英的先驱物质，工程上普遍采用半干式洗气塔与布袋除尘器搭配的方式，控制粒状污染物在废气中的浓度并控制废气进入布袋除尘器的温度不高于280℃。

在干式处理流程中，最简单的方法为喷入活性炭粉或焦炭粉，以吸附及去除废气中的PCDDs/PCDFs。活性炭粉虽然单价较高，但因其活性大、用量少，且蒸汽活化安全性高，同时对汞金属亦具有较优的吸附功能，是较佳的选择。喷入的位置因除尘设备的不同而异。使用布袋吸尘器时，吸附作用可发生在滤袋的表面，能为吸附物提供较长的停留时间，活性炭粉或焦炭粉直接喷入除尘器前的烟道内即可。使用静电除尘器时，因无停滞吸附作用，故活性炭喷入点应提前至半干式或干式洗气塔内(或其前烟管内)，以增加吸附作用时间。利用吸附作用除PCDDs/PCDFs的方法，除活性炭粉喷入法外，也可直接在静电除尘器或布袋除尘器后端加设一含有焦炭或活性炭固定床的吸附过滤器，但因过滤的速度慢(0.1～0.2m/s)、体积大，焦炭或活性炭滤层可能有自燃或尘爆的危险。

在湿式处理流程中，因湿式洗气塔仅扮演吸收酸性气体的角色，而PCDDs/PCDFs的水溶性较低，故其去除效果不佳。但在不断循环的洗涤液中，氮离子浓度持续累积，造成毒性较低的PCDDs/PCDFs(毒性仅为2,3,7,8-TCDD的千分之一)占有率较高，虽对总浓度的影响或许不大，也不失为一种控制PCDDs/PCDFs毒性富量浓度的方法；若欲进一步将PCDDs/PCDFs去除，可在洗气塔低温段加入去除剂，但此种控制方式仍需要进一步的研究。

三、灰渣处理

生活垃圾焚烧产生的灰渣约占焚烧前总重量的5%～20%，分为炉渣和飞灰两部分，炉渣是从炉排下收集的焚烧炉渣，飞灰是由除尘器等捕集下来的烟气中的颗粒物质。

垃圾焚烧灰渣中，重金属是最主要的污染因子，主要来自电池、家用电器、温度计、报纸、杂志、塑料、颜料、橡胶、防锈金属、半导体、彩色胶卷、纺织品、杂草等垃圾原料。原生垃圾中的重金属将经历蒸发、化学反应、颗粒的夹带和扬析、金属蒸气的冷凝、烟气净化、颗粒的沉降捕集等过程，各种重金属的熔沸点等因素影响着它们各自的迁移过程。重金属在焚烧炉中常以多种形态出现。重金属在焚烧炉中的最终分布除了受重金属本身特性（蒸发压力和沸点）影响，还受原生垃圾组成（含氯量等）以及焚烧环境等因素的影响。

Al、Ba、Be、Ca、Co、Fe、K、Mg、Mn、Si、Sr、Ti等，这些元素因为具有很高的沸点，因而在燃烧区域不挥发，它们构成炉渣的基体，较多地存在于炉渣中，而很少沉降在飞灰的表面。

As、Cd、Cu、Ga、Pb、Zn、Se等，这些元素在燃烧过程中挥发，停留在炉渣中的可能性小。燃烧烟气冷凝时，这些金属的化合物富集在飞灰颗粒上，且随着飞灰颗粒尺寸减小，富集浓度增加。

Hg、Cl、Br等，这些元素经历了挥发且不被冷凝，在整个过程中都停留在气相。

（一）炉渣

根据我国现有的污染控制标准，对我国大部分地区的垃圾焚烧厂的炉渣进行监测，结果表明，其炉渣属于一般废物。然而，炉渣中仍然存在一些未燃尽的有机废物和可以回收的废物。因此，在运往填埋场或堆放场之前，建议进行分选。

瑞士保罗谢勒研究所提出了生态型焚烧炉的概念，通过提高焚烧温度、改变焚烧方式、采用先进焚烧系统等措施来使垃圾中的重金属尽可能蒸发到烟道气中，从而被烟道除尘器捕集形成飞灰，而炉渣中的重金属被降低到填埋标准以下。

（二）飞灰

1. 影响飞灰性质的因素

纯垃圾焚烧的炉排炉，产生飞灰重金属的质量分数高于掺煤混烧的流化床飞灰中重金属的质量分数。

随着飞灰颗粒尺寸的减小，所富集的重金属质量分数增加。

飞灰渗沥液的pH值随飞灰中碱金属质量分数的增加而增加，不同的飞灰渗沥液pH值不同。

飞灰中重金属的渗滤特性受飞灰渗沥液pH值的影响最大。在碱性环境下，重金属的渗滤一般都很少，这一特点为垃圾焚烧飞灰的最终处理提供了必要的依据，减少垃圾焚烧对环境造成的二次污染。

2. 垃圾焚烧发电厂飞灰的性质

飞灰中主要含有SiO_2、Al_2SiO_5、NaCl、KCl、$CaAl_2Si_2O_8$、Zn_2SiO_4、$CaCO_3$、$CaSO_4$等无机物，溶解盐含量高达17.9%～22.1%，酸中和能力为3.0～6.0meq/g，对环境pH值变化的抵抗能力强。

飞灰中Pb和Hg的浸出浓度超过我国危险废物鉴别标准的允许浓度,因此飞灰为危险废物。

3. 垃圾焚烧飞灰的综合利用

垃圾焚烧飞灰的综合利用需考虑以下三个因素:①适宜性。这是指飞灰进行某一应用的难易程度,它依赖于垃圾焚烧飞灰的物化特性。适宜性决定了飞灰的利用方法。②使用性能。这是指飞灰综合利用加工产品的使用性能,它决定飞灰加工产品的利用程度。③对环境的影响。飞灰利用加工的产品必须呈现无毒性或在环境允许的范围内,对环境没有影响,这样才能真正做到飞灰的再利用。

垃圾飞灰中含有24%~27%的石灰和一些硅、铝,因此可代替石灰用于生产水泥。这种水泥称为硫代铝酸盐水泥,属低能量水泥,有较高的强度和快速硬化等特点。但飞灰生产水泥产品有一定的技术难度,因为飞灰中含有较高的重金属和氯化物,这将导致它们在水泥中的含量也增加。飞灰中的氯化物在水泥回转窑高温段挥发,然后在低温段冷凝,会堵塞某些设备,引起设备停产。所以,飞灰生产水泥产品时必须进行水洗等预处理,降低重金属和氯化物的含量,以满足水泥生产的要求。

飞灰除了可替代水泥用于混凝土,还可作为骨料用于混凝土。粉状的飞灰不能单独作为骨料,要通过混入砂中作为骨料,所产生的混凝土属轻质混凝土,密度和强度都较低,但有较好的绝热性和隔音,可用于室内建筑。

陶瓷是基于消耗大量硅酸盐物质的产品,这是飞灰用于陶瓷的应用基础,并且细颗粒的飞灰可直接加入陶瓷原料,无须进行预处理,适当加入飞灰可提高陶瓷性能。

在发达国家尤其是日本,玻璃化是处理垃圾飞灰的一种常见方法。飞灰在玻璃化过程中,有机组分和有毒物被破坏,去毒率>99.9%,同时,重金属可固化在硅酸盐基体中,或者通过蒸发、沉淀而分离。飞灰玻璃化后的产物用途较广,可用于喷砂丸、混凝土的骨料、路基、堤坝、建筑与装饰材料(可渗透水砖、瓷砖和地面铺设砖)等。

玻璃化的缺点是能耗大、处理成本高。为了减少成本,产生了另外一种处理飞灰的方法,即在玻璃化过程中,正确控制温度和操作方法,减少玻璃体中的晶体,生成玻璃陶瓷。

飞灰用于路基,主要是代替部分砂作为填充层,或掺入水泥中替代部分水泥生成水泥固化体作为道路支撑层。当飞灰替代部分水泥使用时,正确的操作和配料可使所得材料符合建筑原料的要求,对环境影响较小;而作为道路填充层应用时,可能对土壤或地下水产生污染。

修建堤坝时需要大量的填充物,通常用水泥或石灰对土壤进行稳定化作为填料。飞灰可代替水泥或石灰来稳定软土壤作为堤坝填料。

飞灰中含有较多的元素,如磷和钾等,因此,可以代替化肥供给植物养分。飞灰作为肥料或改良剂的最大问题是重金属和盐的影响。飞灰中含有较多的重金属,适当的重金属可促进植物的生长,过量则变为植物毒物。在植物中可积累的元素有Zn、Cd、Pd、Mo、B、Cu等,虽然有些重金属在植物体内富集量超过允许的量时植物仍能正常生长,但重金属就有可能通过食物链在高级动物体内富集,甚至危及人体健康。同时,重金属可能通过迁移污染土壤和地下水。影响迁移的因素有pH值和飞灰中的氯化物含量,控制土壤的pH值和飞灰中的氯化物可减缓重金属的迁移。由于飞灰中含有可溶性盐,当飞灰添加到土壤中时会增加土壤的盐度,从而使植物不能正常生长,导致植物的产量下降。

飞灰通过水热碱性处理合成沸石类物质,尽管它的质量低于通常用的吸附物(自然沸石或活性炭),但根据TCLP固体废物毒性浸出试验,使用该合成沸石是安全的。然而合成过程中产生的残留物含有高浓度重金属,必须事先控制。飞灰合成的沸石作为吸附物可应用于化工工业,如吸取不同溶解态的离子和分子,也可用于工业废水处理吸取重金属和在农业废水中吸附氨离子。

4. 垃圾焚烧飞灰的处理方法

水泥固化和玻璃化是当前飞灰处理处置的发展方向。

水泥固化是把飞灰、水泥按一定比例混合,加入适量的水,使之固化的一种方法。该方法是传统的飞灰处理方法,成本低,处理简单。可以采用水泥、石灰、高炉渣作为固化剂,其中使用最多的是水泥。还可以添加磷酸盐、硫酸亚铁等作为稳定剂,它们可与重金属反应产生稳定的、不溶于水的化合物,将重金属固化在固化体内。

在水泥的水化过程中,重金属可以通过吸附、化学吸收、沉降、离子交换、钝化等多种方式与水泥发生反应,最终以氢氧化物或络合物的形式固化在水泥水化形成的水化硅酸盐胶体表面上,同时水泥也为重金属提供了碱性环境,抑制了重金属的渗滤。

水泥固化方法在一定的飞灰掺和比例下是可行的,具备一定的抗压强度和较低的重金属浸出率。然而,由于飞灰的副作用影响水泥的正常水化过程,为达到一定的强度,使飞灰的掺和量受到限制,一般在20%~30%,水泥的消耗量大。

有研究指出,飞灰经水洗后大部分碱性物质、可溶的硫酸盐及氯化物从飞灰中脱除，用水泥固化时，可大幅缩短水泥的凝固过程，提高飞灰掺和量到75%～90%，所得到的混合物硬度最低值在0.6～1.4MPa，满足工程填埋的要求。这种方法虽然增加了飞灰水洗过程，但因水泥用量大大减少，消耗的费用是原方法的50%～65%左右。

垃圾焚烧灰渣熔融处理是无害化和资源化的一项处理技术。熔融炉有利用燃料燃烧和电热两种方式，包括表面熔融炉、电弧熔融炉、等离子体熔融炉等。在高温1200～1400℃状况下，飞灰中有机物发生热解、气化及燃烧，而无机物则熔融形成玻璃质熔渣。经熔融处理后，飞灰中的二噁英等有机物受热分解被破坏，飞灰中所含的沸点较低的重金属盐类转移到气体中并以熔融飞灰的形式捕集下来，其余的金属则转移到玻璃熔渣中，大大降低了重金属的浸出特性。灰渣经熔融处理后，密度大大增加，灰渣减容可超过2/3，并且可以回收灰渣中的金属，稳定的熔渣可作为路基材料、混凝土骨料、沥青骨料等，达到有效利用的目的。

飞灰还可进行烧结处理。烧结处理与熔融处理相比，消耗的热量低，与水泥固化相比，所得的产品体积小、硬度高，重金属的浸出率低，这种方法既可以降低飞灰的毒性，又可以将烧结产品作为结构材料进行资源化利用，如做混凝土代替骨料、路基、堤坝等。

此外，飞灰还可以用化学药剂进行处理。药剂处理可分为有机药剂和无机药剂两种。有机药剂以螯合型药剂为主，即用一种水溶性的螯合高分子，与重金属离子反应形成不溶于水的高分子络合物，从而使飞灰中的重金属固化下来。无机类药剂主要利用磷酸类药剂与飞灰中的Si、Al、Ca等反应生成结合力很强的羟基磷石灰矿物，有害金属固化到这种矿物结构中，使其浸出率大大减小。

四、工程实例

某日处理生活垃圾1000t垃圾焚烧厂，投资4.69亿元。主体工程包括2×500t/d垃圾焚烧炉及配套的2台45t/h余热锅炉、垃圾暂存及上料系统、1×20MW汽轮发电机组、烟气净化及除渣系统等，包括焚烧主厂房（垃圾卸料平台和垃圾储坑、垃圾焚烧系统、余热锅炉系统和汽轮发电系统）、调节池、冷却塔、工业水池、渗沥液处理车间、雨水收集池、办公楼、宿舍及食堂等建筑物。焚烧炉为机械炉排炉，焚烧烟气处理系统包括石灰浆制备系统、喷雾干燥反应塔系统、干粉喷射系统、袋式除尘器、活性炭系统和灰渣输送系统。厂区雨污分流，分区防渗。污染物产排及环保措施包括除臭系统（帘幕、活性炭除臭、负压等），烟气净化系统（SNCR炉内脱硝＋半干法脱酸＋干法脱酸＋活性炭吸附＋袋式除尘器组合工艺，经80m集束烟囱排放），飞灰处理(螯合剂+水泥稳定化处理后送至生活垃圾填埋场填埋),污水处理系统(预处理+调节池+UASB厌氧+MBR膜生物反应+NF纳滤工艺处理废水和渗沥液、初期雨水,处理规模300m³/d,处理后排至污水处理厂,中水深度处理系统排水等以及经化粪池处理后的生活污水直接排放至管网)。焚烧炉设有启动燃烧器和辅助油燃烧器,燃料为天然气。渗沥液处理系统沼气经预处理后引入焚烧炉,检修时火炬燃烧。辅料有石灰、消石灰、氢氧化钠、活性炭、水泥、螯合剂、尿素等。项目设置500m防护距离,周边无环境敏感点。垃圾运输采用专用垃圾运输车辆,运输路线固定,尽量避开村庄等敏感点。采取环境风险应急预案和措施可以有效防控停炉检修、垃圾渗沥液渗漏等环境风险事故,风险水平可接受。大气污染物排放满足《生活垃圾焚烧污染控制标准》《恶臭污染物排放标准》及环评执行标准相应限值要求。

第六节　生活垃圾的卫生填埋处置

卫生填埋又称卫生土地填埋,是指填埋场采取防渗、雨污分流、压实、覆盖等工程措施,并对渗沥液、填埋气体及臭味等进行控制的生活垃圾处理方法。土地填埋是从传统的堆放和填地处理发展起来的一项城市生活垃圾最终处理、处置技术。

由于卫生填埋投资和运行费用较低,处理工艺简单,可方便迅速、大规模处理生活垃圾,该方法在我国很长一段时间内都是垃圾处置采取的主要方法。

2014年3月1日,我国颁布实施了《生活垃圾卫生填埋处理技术规范》(GB 50869—2013),主要内容包括填埋物入场技术要求,场址选择,总体设计,地基处理与场地平整,垃圾坝与坝体稳定性,防渗与地下水导排,防洪与雨污分流系统,渗沥液收集与处理,填埋气体导排与利用,填埋作业与管理,封场与堆体稳定性,辅助工程,环境保护与劳动卫生,工程施工及验收等。

我国《生活垃圾填埋场污染控制标准》(GB 16889—2024)规定了生活垃圾填埋场选址、设计与施工、填埋废物的入场条件、运行、封场、后期维护与管理的污染控制和监测等方面的要求。该标准适用于生活垃圾填埋场建设、运行和封场后的维护与管理过程中的污染控制和监督管理。该标准的部分规定也适用于与生活垃圾填埋场配套建设的生活垃圾转运站的建设、运行。

2017年1月21日,我国颁布实施了《生活垃圾卫生填埋场封场技术规范》(GB 51220—2017),主要内容包括覆盖工程,地下水控制工程,填埋气体导排收集、处理与利用工程，渗沥液导排与处理工程，防洪与地表径流导排，垃圾堆体绿化，填埋场封场监测，封场工程的施工与验收，封场后维护与场地再利用等。

进入填埋场的填埋物应是居民家庭垃圾、园林绿化废弃物、商业服务网点垃圾、清扫保洁垃圾、交通物流场站垃圾、企事业单位的生活垃圾及其他具有生活垃圾属性的一般固体废弃物。城镇污水处理厂污泥进入生活垃圾填埋场混合填埋处置时，应经预处理改善污泥的高含水率、高黏度、易流变、高持水性和低渗透系数的特性，改性后的泥质应符合现行国家标准《城镇污水处理厂污泥处置 混合填埋用泥质》(GB/T 23485—2009)的规定。填埋物中严禁混入危险废物和放射性废物。生活垃圾焚烧飞灰和医疗废物焚烧残渣经处理后，应满足现行国家标准《生活垃圾填埋场污染控制标准》(GB 16889—2024)规定的条件，可进入生活垃圾填埋场填埋处置，处置时应设置与生活垃圾填埋库区有效分隔的独立填埋库区。

一、填埋处置的作用原理

填埋处置的根本目的是使城市垃圾找到一个最终的归宿，将其对周围环境的影响降到最低。填埋处置的功能主要有储存、隔水、净化、处理、处置等方面。

储存功能：填埋处置的基本功能。利用自然地形或人工修建的地形空间，将城市垃圾以适当的方法存储其中，经过一定时期的稳定恢复原生态环境。

隔水功能：通过工程措施，设置隔水屏障和收集设施，既要防止城市垃圾本身降解及与降水接触所产生的垃圾渗沥液对地下水和地面水的污染，又要防止外界降水和地表径流、地下水进入填埋场。

净化功能：城市垃圾利用自然界的代谢功能，其中的有机物(含碳的化合物，称为碳水化合物或脂肪)在微生物的作用下，在有氧或无氧的条件下，被分解成二氧化碳、甲烷和水，逐步达到稳定化和无害化。

处理、处置功能：垃圾填埋工程实质上是对垃圾产生的二次污染进行治理的过程。除了利用自然界的代谢功能使得垃圾得到一定程度的稳定、降解外，还必须对垃圾渗沥液、填埋气及作业中产生的恶臭气体、虫害等进行必要的治理和控制，使其达到无害化。

城市垃圾的构成与城市经济发展水平、城市功能和所处的地理位置紧密相关。在填埋处理尚未成为真正意义上的城市垃圾最终处置方式的前提下，城市垃圾通过源头分类，对其主要成分有机物、纸类、塑料、玻璃、金属、布类等进行资源回收利用。垃圾填埋场就像一个巨大的“反应器”，其中，生化反应占主导地位。在不同的垃圾降解阶段，微生物群落种类及其作用不同。在垃圾好氧降解阶段，好氧菌和真菌起主要作用。兼性厌氧菌则在垃圾兼性厌氧降解阶段起主导作用。专性厌氧水解发酵菌、专性厌氧产乙酸菌、专性厌氧产甲烷菌和纤维素分解菌等，则是垃圾厌氧降解时期的主要菌种。①

细菌的生长繁殖可以分为六个时期：适应期、加速期、对数期、减速期、静止期及衰亡期，加速期和减速期都历时很短。每种细菌在渗沥液处理中，都要经历一段适应期后，才能在适宜的环境中大量繁殖。有研究表明，在垃圾填埋作业时，对新鲜垃圾进行细菌接种，可以缩短细菌的适应期，加快垃圾的降解。同时，在填埋时对底层垃圾进行好氧堆肥预处理，也能达到同样的效果。

生活垃圾因其固有的物质特性，在外界条件的作用下，利用填埋作业所形成的厌氧层、兼氧层或好氧层，会发生一系列相关联的各种生物、化学和物理反应，而填埋处理、处置就是通过采取一系列的工艺、工程措施，以抑制或加快填埋场内的各种反应，并减少因反应而给环境带来的危害，加速填埋场的稳定化和无害化。

生活垃圾中的有机物在微生物的作用下，发生好氧性分解和厌氧性分解，这是整个填埋场中发生的最重要的反应。好氧分解在较短时间内即可完成，最终形成二氧化碳和水等物质，厌氧性分解分为两步进行：第一步为液化，即有机物被分解成有机酸或乙醇等；第二步为甲烷化，即在前一步的基础上，分解为甲烷、二氧化碳、少量的氨和硫化氢等。

在缺氧阶段，受回灌渗沥液流动的影响，厌氧型生物反应器填埋场填埋垃圾中的可溶物继续溶解，同时淀粉、纤维素等固相垃圾的水解酸化反应不断发生，因而渗沥液的挥发性脂肪酸（VFA）、COD等有机污染物浓度不断升高，pH值不断下降，氧化还原电位（ORP）保持在较高正值。

随着NO_3^-和SO_4^{2-}的耗尽，厌氧型生物反应器填埋场就正式过渡到厌氧阶段。在厌氧不产甲烷阶段，固相垃圾水解进行到一定程度后，由于累积的高浓度COD、VFA等的抑制作用，固相垃圾的继续水解不能进行，因而COD、VFA等有机污染物浓度升高到一定程度后，不再继续升高。在该阶段，pH值开始回升，ORP下降以逐渐向产甲烷反应过渡。

随着填埋场环境向适宜甲烷菌生长繁衍的方向转变，生物反应器填埋场开始进入加速产甲烷阶段。此时不仅产甲烷速率迅速增加到一个最大值，填埋场气体中的甲烷含量也逐步上升到50%～60%的水平，COD、VFA开始快速下降，pH值和碱度继续上升。

填埋场渗沥液中先前积累的VFA和COD被甲烷菌消耗而转化为甲烷气体，此

①马立南.城市生活垃圾处置和利用技术分析[J].清洗世界，2021，37（12）：132－133.

时固相垃圾水解速率也不能满足日益增长的甲烷菌的要求，因而厌氧型生物反应器填埋场很快进入减速产甲烷阶段。此时，甲烷气体产生速率逐步下降，但甲烷气体含量、渗沥液pH值、碱度等基本保持不变，COD、VFA浓度则缓慢下降。

垃圾中可降解生物有机垃圾被基本分解完毕后，厌氧型生物反应器填埋场进入成熟好氧阶段。此时，渗沥液污染物浓度很低且基本稳定，沉降已基本停止，甲烷气体基本不再产生，标志着该填埋场已基本稳定，大气重新进入填埋场内导致少量好氧反应发生，渗沥液中常常含有一定量的难降解的腐殖质和富里酸。

生活垃圾填埋处理物理变化和化学反应主要包括五个方面：①溶解/沉淀。城市垃圾在本身的持水及自然降水的作用下，将垃圾中的可溶性物质溶解出来，产生高浓度的有机废水，通常称其为渗沥液；渗沥液中的某些盐类随着pH值的变化，还会产生沉淀反应。②吸附/解吸。垃圾填埋处置产生的气体中的挥发性和半挥发性有机化合物、渗沥液中的有机和无机污染物，会被所处置的垃圾和土壤所吸附，而在一些条件下，也会发生解吸作用，使污染物进入气体或渗沥液。③脱卤/降解。有机化合物的脱卤作用和水解、化学降解作用。④氧化/还原。垃圾中含有一些可溶或不可溶的盐类，通过氧化或还原反应，影响金属和金属盐的可溶性，并使其互相转化。⑤其他反应。另有一些重要的化学反应发生在填埋物与衬层、衬层与土壤等之间，其机制尚未清楚。

生活垃圾填埋处理物理反应主要包括四个方面：①蒸发/汽化。垃圾中的水分、挥发性和半挥发性有机化合物，通过蒸发、汽化转入处置过程所产生的气体中。②沉降/悬浮。渗沥液中的悬浮物和胶体物质在液相中所发生的重力作用。③扩散/迁移。气体在填埋场中横向扩散和向周围环境释放，渗沥液在处置场中迁移和进入覆盖土的下层。④衰变。这是一种随着时间的变化而发生在自然界中的自发现象。

二、填埋场选址的原则和步骤

（一）选址原则

选址是填埋场的一个重要组成部分，填埋场选址的恰当与否，直接关系到填埋场建设投资的高低、日后运行维护费用的大小及使用过程中二次污染控制的难易程度。国外一些发达国家都非常重视填埋场的选址问题，并将其纳入有关法律条文中加以贯彻实施。目前，我国对这一问题非常重视。一个合适的填埋场址的确定，是卫生填埋场全面规划设计的第一步，也是最重要的一步。影响选址的因素很多，主要应从工程学、环境学、经济学、法律和社会学等方面加以考虑。

确定选址前，应首先对国家和当地的有关条文法规进行研究、对照，严禁将填埋场选在水源保护区、湿地保护区、农林保护区、野生动物保护区、影响机场安全飞行地带或其他国家规定的保护区范围内。城市在制定总体规划时，应将填埋场的选址规划纳入其中，使填埋场的建设、标准与城市经济发展水平和居民生活水平的提高一致。

地形决定了地表水的走向和流速，同时也直接关系到填埋场建设的难易程度、建设成本和填埋容量。合理的选址可以充分利用场地的天然条件，尽可能减少挖掘土方量、降低场地施工造价。选择地形时，应尽可能考虑有利于填埋场施工和其他配套建筑设施的建设，而不宜选在地形坡度变化过大的地方和低洼汇水处。在考虑地质情况时，应尽量选择具有天然防渗性能并达到一定层厚和地下水位较低的地区。尽量避开地质断裂带、坍塌地带、地下溶洞等类似不稳定地带，以防止垃圾渗沥液对地下水的侵蚀；同时还应避免软土地基和可能产生低级沉降的地区，防止填埋作业时因受力不均匀而造成不均匀沉降或边坡坍方。

填埋场要远离密集的居民居住区，并尽可能在当地夏季风向的下方，防止对居民的生活环境和自然环境造成影响。《生活垃圾卫生填埋处理技术规范》中规定，场址应距居民居住区或人畜供水点500m以外，而国外一些发达国家如德国，都明文规定场址要在1km以外甚至更远。

为了防止填埋作业时有害气体、悬浮颗粒物、噪声、虫害等影响周边居民的正常生活，在填埋场区周围要设置1~2道防护隔离林带。

合理的运输距离是建成后直接反映运行成本高低的一个关键要素。场址离垃圾收集点或转运点越远，意味着将来的运输费用就越高。一般而言，填埋场距离转运站的距离不应超过20km，但随着我国城市化进程的加快，越来越多的城市已很难选到这样运距合适的填埋场。国外有些发达国家的填埋场也逐步向城外推进。我们也常常看到一辆辆特大型的集装箱大卡车疾驶在通向郊外的高速公路上，因此，转运的效率往往是填埋场选址需要同时考虑的一个重要因素。

填埋场的选址十分困难，因此，填埋场地应尽可能选择具有足够储存空间的地方。通常，填埋场库容越小，可供使用的年限就越短，那么它每吨的投资费用也就越高。为了发挥投资规模效益，我国在《生活垃圾卫生填埋处理技术规范》和《生活垃圾卫生填埋处理工程项目建设标准》中明确规定，一个填埋场址的确定，必须有充分的填埋库容和较长的使用期，填埋库容必须达到设计量，使用期一般至少为10年，特殊情况下也不低于8年。

（二）选址步骤

1. 划定选址范围，对拟选场址作出预评估

根据城市发展总体规划，结合填埋场选址有关法规、标准，利用已有的地形地质和水文、人文资料，对照填埋场选址规定的要求，开展资料收集和调查工作，划定选址范围，对拟选场址作出预评估，同时制订全程选址计划和相应的现场勘查计划，为后阶段的选址工作作好充分准备。

(1)水文、地质调查

在填埋场设计中，最难得到的也是最关键的就是候选场址的水文及地质资料。在选择填埋场场址的时候，必须对地下水流的途径及边界(含水层及隔水层)的分布与水力特性、地基土的变形特性，以及改善地基土层水密性的可能性等有准确的认识。还应考虑是否需要建立适当的防渗系统以及发生渗漏后的补救措施。

为评估作为垃圾填埋场的土层性质，应当了解当地的地质总貌，包括以下主要方面：地貌特征，表层土壤的结构、延伸范围和地质年代，地质构造，较深的地基土层(如果存在洞穴或可溶性岩石)，含水层和地下水流，是否存在地震和其他自然灾害的危险。为了了解填埋场的地基土，必须了解下列各项：土层的成分、物理性质和化学性质，以及土层的次序；土层的侧向和竖向连续性，以及土层分布；土层的渗透性；土层对侵蚀的抵抗力；应力和变形的性能。

为了了解地基土层，应考虑的因素如下：岩石的类型、矿物成分及地层次序，风化状态和抗风化能力，在水中、渗沥液或其他侵蚀性溶液中的可溶性，地质边界的类型和位置，岩溶现象和塌陷的危险，岩体的变形特性，对水、渗沥液、沼气和其他侵蚀性溶液的渗透性。

应该防止垃圾填埋场对地下水和地表水，尤其是对供水的水源产生不良的影响。因此，需要对地下水情况有全面的了解，包括下列各项详细的资料：地下水情况、流向、水力梯度和流速，包括长期和季节性的变化；地表层的水平及竖直向渗透率，并给出最大值和最小值；含水层、阻水层和滞水层的分布、厚度和埋藏深度；地下水位，需要时提供不同土层的水力梯度和有效流速；地下水的化学性质，包括天然存在的侵蚀性物质，以及地下水质的测定；地下水保护区的范围；抽吸地下水及其影响；暂时或长期降低地下水位的影响，以及将来恢复地下水位、抽吸地下水或抬高地下水位的影响；临近地表水体的影响，以及与地下水系统的关系；对接受地下水补给的河流的影响情况，以及洪水、潮汐的影响；有效降水量、地表径流、渗透率、地表蒸发，以及地下水补给。

(2)社会、人文、地理资料的调查

除了场地的地质、水文条件对填埋场选址有很大影响以外,人口密度、工业分布、地形条件、交通运输及生态环境对选址工作的影响也是很大的。

地区特性包括人口密度、工业分布、地区开发前景及规划;垃圾性质包括来源、种类、数量及分布;气候条件包括年降水量和月降水量、风向力、气温、日照量;交通运输包括运输方式、路线及交通量;自然环境包括灰尘、气味、噪声对周围环境的影响,对农业生产的影响,重要的植物群体、稀有动物生息情况;场地容量包括可填埋的垃圾数量、填埋年限。

2. 确定选址

通过对拟选场址的初步评估,初步确定2~3个候选场地。

对候选场地进行现场勘察,完成勘察报告和总体评价是确定场地可以入选的重要依据。通过勘察,可以证明各地块防渗性能的好坏,查明场地的地质结构、水文地质和工程地质特征,查清工程场地的综合地质条件,对场地的防护能力、安全程度、稳定性、环境影响和污染预测能据此作出可靠评价,也为填埋场的结构设计和施工设计提供详细可靠的技术数据。

(1)现场勘查

在候选的填埋场进行现场勘查,应该从仔细研究分析开始,由此制订现场勘查的工作计划。钻孔和探坑是能够提供地基土的直接资料,在特殊情况下要挖掘竖井和勘探隧道。钻孔可以提供特定地点的地基土特征。

场地的勘察应包括全部的填埋场地区,需要时还应包括周围地区,并应该考虑对地下水的影响,钻孔的深度一般要达到第二含水层,要分层采集水样和土样。

在过去未曾勘察过的地基土上,应该布置足够数量的钻孔(建议每hm^2填埋场面积至少要一个钻孔)。必要时,还应对填埋场的周界及周围地区的水文地质情况进行勘察。场地选择时的地质勘探钻孔要结合场地的总体规划统一考虑,勘探钻孔可以安装井管,作为封场后的监测井。

(2)勘察报告

现场勘查结果应该按有关标准及规程提出报告。建议用图表和曲线表示勘查成果。

地平面图:应注明钻孔和探坑等位置、地质和地下水的高程及等高线、地下水流的方向及有效流速、地下水的开采区(包括水源汇集区和水保护区)、地表水和其他水文特征。

地质剖面图:注明采用的钻孔记录。

系统的说明:注明降水量分布、地下水位升降、洪水和潮汐影响。

对现场地质、水文的勘察结果要进行全面的分析与评价,其中要考虑到特定的设计阶段以及整个安全计划的特殊要求。应当把总体评价列入勘察工程报告。总评价至少要包括下列各项:地质构造的描述和图示;强透水层的存在以及层间联系;天然弱透水层的存在及适应性(厚度、埋藏深度、水平向连续性、透水性及吸附性);填埋地域及周围的地下水情况和渗透性;可能要求提出地下水的运动模型;天然或人工边坡的稳定性;地基土的承载力和变形特性;断层、可能的塌陷、失稳、地震和其他灾害的风险;对下层地基土作为场地天然阻隔层的总评价;对场地内的土可能作为矿物密封材料的评价(可能要经过处理或改良后使用);若要把场地的地基土作为天然阻隔层,需要注明采取什么措施来改良土性。

同时还应包括下列各项:整个地区详细的工业、农业、居住区分布图;未来20年土地的详细规划图;垃圾的主要产生地区、垃圾的种类分布,要以密度分布图的形式表达;要对今后20年的垃圾量作出预测,计算出所需场地面积;对气候加以分析,选择干燥、下风向的地区,并给予详细说明;详细的交通网络图,并加以分析,需要指出最有效、最便捷的交通路线。

这些资料可以从当地的有关部门得到,如果资料不全或不完全可信,必须实地调查,同样要以图表的形式形成成果报告,同时给予总体评价。

(3)比选推荐,确定选址

场地的选择将直接决定一个卫生填埋场对公众健康和当地的水、空气和土地资源质量影响的程度和性质,同时也决定着卫生填埋场的施工费用及运营费用。根据地质勘查报告和总体评价所提供的技术资料和数据,对各备选地块的地质条件进行综合分析、评价,作出相对优化的选择。

在对选址进行选择时,主要考虑七个方面的因素:①除了要考虑垃圾的来源、种类、性质和数量,还要考虑未来10~20年垃圾数量、种类的变化,通过计算来确定所需场地的面积、规模。②场地地形必须便于施工。不能是洼地或沼泽地,否则将产生大量的渗沥液,增加防渗难度及处理费用;土地应开阔,以满足以后增加的垃圾填埋量;距离主要的垃圾源头不能太远,否则会增加运营费用,同时也会造成运输沿途的环境污染。③场地的地质构造要稳定。承载能力要强,防止地震、塌方等现象的出现,而且防渗能力要强,以减少填埋场的人工防渗投入,增加填埋场运营时的安全性;要容易取得覆盖土源,土壤要易于压实,防渗性要强,以提高表面径流量和降低表面渗透率。④场地的地下水位要尽量低。距离最底层的垃圾填埋体至少1.5m;场地的位置不能在主要地下水源补给点,也不能在可能发生洪水的地方。⑤气候最好是干燥型的。干燥的气候可以减少渗沥液的产生;要避开高寒区,防止冻土层出现。⑥交通要便利。应具有在各种天气下运输的全天候公路系统;如果同时拥有便利的水路交通则更加理想。⑦土地征用越便宜越好。尽量选择贫瘠的无人居住的荒地,同时要考虑本地区的未来远景规划。还要考虑本地区长年的风向,以及与居住区之间有无树木隔离带等。

要做出一个评测标准是很难的,这就要求我们必须系统地考虑每一个因素,而且根据地区的不同而有所侧重。

另外,在对几个可供选择的场地进行比选时,经济评估也是一个非常重要的评判因素。在同等可行的几个场地的比选中,建设费用和运行成本最低的场地则将成为首选。因此,垃圾填埋场选址的比选可以采取这样的方法:将影响场址选择的因素按照重要程度加以排列,对每一项的重要程度给出量化的评价,然后对候选厂址的各个影响因素进行打分,经过数据处理,最终得分最高的就是最优化的厂址。

三、填埋场的防渗

填埋场的防渗是填埋场选址、设计、施工、运行管理和终场维护最为重要和关键的内容。填埋场防渗的主要目的,除了防止渗滤水渗入地下水系外,还包括防止地表水进入填埋场。

(一) 防渗方式

水平防渗:“水平”是针对防渗层的铺设方向而言的,即防渗层向水平方向铺设,防止垃圾渗滤水向周围及垂直方向渗透而污染地下水。

垂直防渗:防渗层竖向布置,防止垃圾渗滤水横向渗透迁移,污染周围地下水。

顶面防渗:在每天作业完毕、一个作业区暂时完工或整个填埋场终场后,在顶面铺设防渗层,防止降水进入填场,同时也有利于气体收集。

一个填埋场防渗方式的选择要考虑填埋场址的地形、地质情况,可以采取一种或几种组合方式。

(二) 防渗材料

大量资料表明,绝大多数国家和地区对填埋场防渗衬层材料的防渗性能要求基本一致。《生活垃圾卫生填埋处理技术规范》规定,采用天然黏土类防渗衬层,需要天然基础层渗透系数小于$1×10^{-7}$cm/s,且其场地及四壁衬里厚度要大于2m,改良土衬里的防渗性应达到黏土类防渗性能。

1. 天然防渗层

天然防渗系统只有在场地的土壤、水文地质条件允许的情况下才能采用。一般年自然蒸发量要超过降水量50cm。这种填埋场的类型多为可溶性场地，即地基由不渗水的黏土层构成，渗沥液被容纳在填埋场中。下面介绍天然防渗系统要满足的条件。

在填埋场底部和周边铺设的土壤衬层，主要由一种含足够数量的高黏性土壤和粉砂淤泥的压实土壤层组成，各个部位的土层必须保持均匀，厚度至少大于2m，其渗透系数至少达到1×10^{-7}cm。

除了低渗透性外，天然土壤衬层还必须满足相关土壤标准，要求土壤30%能够通过200号的筛子，液体限度大于30%，塑性大于1.5，pH值大于7。

天然衬层能抵抗渗沥液的侵蚀，不因渗沥液的接触而使其渗透性增加。

黏土因其渗透率低、经济成本低，曾被视为填埋场唯一可供选择的防渗材料，目前仍被一些地质条件好的国家或地区广泛采用。黏土是岩石风化后产生的次生矿物，颗粒极小，主要由蒙脱石、伊利石和高岭石组成。

黏土衬层包括两类：自然黏土衬层和人工压实黏土衬层。自然黏土衬层是具有低渗透性、富含黏土的自然形成物。选择自然黏土衬层的关键是衬层材料的连续性和渗透率。连续性主要是为了避免衬层严重的水力缺陷，如裂缝、结合缺陷及洞眼等，而渗透率的大小则是衡量可否采用自然防渗层的重要依据。人工压实黏土衬层基本上是由自然黏土材料经过人工压实而成。压实的目的是将松散、不均匀的黏土压实成均匀分布、低渗透性的黏土层。

天然防渗层的最大优点就是造价低廉，我国目前大部分城市的垃圾填埋场和部分工业固体废物填埋场都采用当地天然黏土或改性土壤作为防渗层。天然黏土防渗层的基本特征是会使一部分渗沥液在一段时间内渗透，并由此产生地下水的污染。所以，几乎所有采用天然防渗层的填埋场都会对地下水造成不同程度的污染。

2. 改良型衬层

改良型衬层是指将性能不达标的亚黏土、亚砂土等通过人工改性，使其达到防渗性能要求的衬层。人工改性的添加剂分为有机、无机两种。无机添加剂相对而言费用较低，效果好，比较适合在发展中国家推广应用。

黏土-石灰、水泥改良型衬层：在天然黏土中添加适量的石灰、水泥改善黏土性质，从而大大提高黏土的吸附能力、酸碱缓冲能力。掺和添加剂再经过压实，黏土的空隙明显减小，抗渗能力增强。改良后黏土的渗透系数可以达到1×10^{-9}cm/s，完全符合填埋场衬层对防渗性能的要求。

黏土-膨润土改良型衬层：在天然黏土中添加适量膨润土矿物，使改良后的黏土达到防渗材料的要求。国内外的研究成果和工程应用的实践表明,膨润土由于具有吸水膨胀的特点和巨大的阳离子交换容量,将其添加在黏土中,不仅可以减少黏土的孔隙、降低其渗透性、增强衬层吸附污染物的能力,而且还可以大幅度提高衬层的力学强度。因此,膨润土在填埋场防渗工程中具有很大的推广前景。

3. 人工合成膜防渗

天然黏土和改良型黏土是填埋场防渗的理想材料,但严格地说,黏土型防渗层只能延缓渗沥液的渗透,而不能阻止渗沥液向地下渗透,除非黏土的渗透性极低且厚度足够。事实上,也不是每个城市都可能拥有得天独厚的天然的地质地形,因此,开发出可以替代并且优于黏土型衬层的人工合成材料就显得十分必要。

为了确保场地及周围水域不受污染,通过采用工程措施,保证渗沥液不渗过地基污染到地下水体,选用的人工衬层系统要满足以下几项原则:①衬层及其结构材料必须与可能渗出的渗沥液相容,结构完整性和渗透性不因与渗沥液的接触而发生变化;②渗透系数小于$1×10^{-12}$cm/s,具有适宜的强度和厚度,可铺设在稳定的基础之上;③抗臭氧、紫外线、土壤细菌及真菌的侵蚀;④具有适当的耐候性,经得起急剧的冷热变化;⑤具有足够的抗拉强度,能够经得起整个设施的压力和填埋机械与设备的压力;⑥能够经得起垃圾中各种物质的刺破、刺划和磨损,厚薄均匀,无薄点、气泡及裂痕;⑦便于施工及维护。

目前,国内外开发出的人工合成膜(或称柔性膜)很多,主要有以下几种:高密度聚乙烯(HDPE)、低密度聚乙烯(LDPE)、聚氯乙烯(PVC)、氯化聚乙烯(CPE)等10余种。柔性膜防渗材料通常具有极低的渗透性,其渗透系数可以达到$1×10^{-12}$cm/s,甚至更低。

在常用的人工合成防渗透膜中,HDPE因其耐化学腐蚀能力强、制造工艺成熟、易于现场焊接,并积累了比较成熟的工程实施经验,而被广泛应用于填埋场的水平防渗、顶面防渗、污水处理系统的基础防渗及制成HDPE管材等。

垂直防渗对山谷型填埋场及滩涂、低地形地下水位较高的填埋场是必需的。我国的山谷型填埋场多采用在地质条件较好的基岩上设置截污坝及帷幕灌浆垂直防渗措施,防止产生的渗沥液污染地下水。大部分建在山谷中的城市垃圾填埋场在地下水汇集出口处建筑防渗帷幕,利用压力灌浆方法将地下水出口处的风化岩石裂缝或透水层空隙填充封闭,将填埋场底部的渗沥液和其下受到污染的地下水阻截于帷幕前的水池中,不向下游及邻近地区渗透。个别填埋场,如燕山石化危险废物填埋场,沿填埋场的四周进行封闭性的灌浆帷幕防渗处理措施,地下断层采用混凝土封堵,以防渗沥液污染地下水。

（三）生活垃圾卫生填埋场底层防渗系统

人工合成衬里的防渗系统应采用复合衬里防渗结构，位于地下水贫乏地区的防渗系统也可采用单层衬里防渗结构。在特殊地质及环境要求较高的地区，应采用双层衬里防渗结构。

复合衬里防渗结构各层应符合下列规定。

基础层：土压实度不应小于93%。

反滤层（可选择层）：宜采用土工滤网，规格不宜小于200g/m^2。

地下水导流层（可选择层）：宜采用卵（砾）石等石料，厚度不应小于30cm，石料上应铺设非织造土工布，规格不宜小于200g/m^2。

防渗及膜下保护层：黏土渗透系数不应大于1.0×10^{-7}cm/s，厚度不宜小于75cm。

膜防渗层：应采用HDPE土工膜，厚度不应小于1.5mm。

膜上保护层：宜采用非织造土工布，规格不宜小于600g/m^2。

渗沥液导流层：宜采用卵石等石料，厚度不应小于30cm，石料下可增设土工复合排水网。

反滤层：宜采用土工滤网，规格不宜小于200g/m^2。

（四）生活垃圾卫生填埋场封场覆盖系统

我国《生活垃圾卫生填埋处理技术规范》，规定了生活垃圾卫生填埋场封场覆盖系统的基本要求。填埋场封场覆盖结构各层应由下至上由排气层、防渗层、排水层与植被层组成。排气层堆体顶面宜采用粗粒或多孔材料，厚度不宜小于30cm，边坡宜采用土工复合排水网，厚度不应小于5mm。排水层堆体顶面宜采用粗粒或多孔材料，厚度不宜小于30cm。边坡宜采用土工复合排水网，厚度不应小于5mm；也可采用加筋土工网垫，规格不宜小于600g/m^2。植被层应采用自然土加表层营养土，厚度应根据种植植物的根系深浅确定，厚度不宜小于50cm，其中营养土厚度不宜小于15cm。防渗层采用高密度聚乙烯（HDPE）土工膜或线性低密度聚乙烯（LLDPE）土工膜，厚度不应小于1mm，膜上应敷设非织造土工布，规格不宜小于300g/m^2，膜下应敷设保护层；或可采用黏土，黏土层的渗透系数不应大于1.0×10^{-7}cm/s，厚度不应小于30cm。

填埋场封场后的土地利用，应符合现行国家标准《生活垃圾填埋场稳定化场地利用技术要求》（GB/T 25179—2010）的规定。

四、渗沥液

（一）渗沥液的产生过程

渗沥液在国内外许多文献中被称为浸出液、渗出液、渗滤液、渗沥水或渗滤水等。但无论以怎样的名称命名，渗沥液都是指由表面下渗的雨水、垃圾所含的水分、垃圾分解所产生的水，以及入侵的地下水沥经垃圾层和所覆土层而产生的高浓度污水。一个设计规范的填埋场应防止地下水进入，产生渗沥液。

根据填埋场水量平衡状况可得渗沥液量计算公式：

$$L = P(1 - R)E - \delta S$$

其中：L为垃圾渗沥液量；P为填埋场区域的降水量；R为地表径流系数；E为地表及植物蒸发水量；δS为垃圾层及覆土层的饱和持水量的变化量。

影响渗沥液水量和水质的因素很多，其中影响渗沥液水量的因素，主要有降水、地表径流、地下水的渗入和垃圾自身分解水等；影响渗沥液水质的主要因素有垃圾成分、当地气候、水文、填埋时间及填埋工艺等。一个面积为$125 \times 400 m^2$的填埋作业单元，在正常降水条件下，其三年日均渗沥液产出量为$350 \sim 500 m^3$。下面从水分供给情况、填埋场表面状况、垃圾性质、填埋场底部情况及填埋场操作方式等方面来讨论对渗沥液水量的影响。

1. 降水

降水包括降雨和降雪，是渗沥液的主要来源，降水量的大小直接影响渗沥液水量的多少。内蒙古包头的青山垃圾填埋场基本上不产生渗滤，雨量稀少是一个不可忽视的因素。在工程措施和工艺条件相同的情况下，降雨量越大，渗沥液量也相对越多。降雨间隔同样影响着渗沥液水量。降雨间隔缩短，由于此时填埋场含水率较高，下渗率较低，填埋场年持水能力减小，渗沥液水量就增多。

2. 地表径流和下渗

降水的一部分形成地表径流，一部分下渗。影响地表径流的因素有雨量、雨强、填埋场的含水率、填埋场的表面状况等。降水对渗沥液的贡献一般用地表径流系数R来表征。R越大，通过垃圾表面排除垃圾本体的降水量越大，对渗沥液水量的贡献就相对较小，因此，垃圾表面覆盖土层表面平整、渗滤系数小，可使R值增大。未被排走的水分一部分被蒸发，一部分下渗至垃圾堆体中并逐渐下渗到垃圾底部，这部分降水则成为渗沥液。有机质含量高的垃圾和土层持水能力较强，将会减小下渗速率。在填埋场中，垃圾和土壤的分层填埋也会抑制水的下渗。

3. 蒸发和蒸腾作用

土壤和垃圾的蒸发及植被的蒸腾作用是填埋场水分损失的两个重要环节。影响蒸发的因素很多:一是受辐射、气温、湿度和风速等气候因素的影响,这是蒸发的外部条件,它既决定水分蒸发过程中能量的供给,又影响蒸发表面水汽向大气的扩散过程,综合起来称为大气蒸发能力;二是受土壤或垃圾中含水率大小和分布的影响,这是垃圾和土壤水分向上输送的条件,即土壤或垃圾的供水能力,简称供水能力。

要减少渗沥液量,加强蒸发作用和蒸腾作用是重要手段,渗沥液的回灌是一个很好的方法。渗沥液回灌使填埋场表面含水率较高或呈饱和状态,从而有可能使蒸发强度保持最大。在加强蒸发作用的同时,渗沥液回灌也能加速填埋场的稳定化,使渗沥液得到处理。在降雨量大于蒸发量的地区,回灌法虽不能完全处理渗沥液,但能大大减轻后续处理设施的负荷。要加强蒸腾作用,就要因地制宜,在填埋场种植一些生长旺盛的植物。

4. 垃圾和土壤的含水率

含水率是指单位质量的含水量。根据含水量的大小,含水率可称为田间持水率和饱和含水率。田间持水率是指由毛细管引力的作用保持在垃圾或土壤毛细管孔隙中的水量,当垃圾或土壤含水率达到田间持水率后,开始产生重力水,或者说渗沥液,我们称此时的垃圾含水率为吸水能力。饱和含水率是指土壤或垃圾中的孔隙全部被水充满时垃圾或土壤的含水率。

影响垃圾含水率的因素很多,生活方式、季节、生活水平、垃圾组分、收运方式等都影响着垃圾的含水率。一般夏季产生的垃圾含水率很高;动植物等易腐性有机垃圾持水能力高,其含水率也高;在煤气比较普及的地区,由于垃圾中煤灰的减少,有机物增加,垃圾含水率也较高。不同成分的垃圾,其垃圾含水率是不同的。垃圾的吸水能力与垃圾的密度有密切关系。有资料表明,在英国,当垃圾密度为 $0.7 \sim 0.8t/m^3$时,其吸水能力(以水/干垃圾计)为$0.16 \sim 0.27m^3/t$。

垃圾和土壤含水率对渗沥液水量和水质的影响,在于垃圾所含水分本身可转化为渗沥液,同时为垃圾中微生物生长提供充足的水分。垃圾和土壤含水率也通过下渗和蒸发来影响渗沥液量。下渗率是指单位时间内通过地表单位面积渗入填埋场内的水量。含水率越高,水的下渗率就越低;当垃圾和土壤的含水率较高时,其蒸发量也大,最后导致渗滤水量减少。垃圾和土壤含水率也直接影响渗沥液量,由于垃圾吸水能力已定,当其含水率较高时,垃圾的吸水量将减少,在相同下渗率时,将产生更多的渗沥液。

5. 垃圾的降解

垃圾在降解过程中固体含量减少,垃圾中有机物化为无机物,使垃圾的持水能力降低，导致部分初始含水量的释放，最后成为渗沥液从填埋场中流出。这部分水的流量与垃圾降解速率关系密切。同时，垃圾降解处于不同阶段，明显使渗沥液受到影响。在产酸阶段，由于pH值的降低，渗沥液的溶解能力大大提高，COD、BOD_5和重金属的含量都很高，而在产生甲烷阶段则开始下降。

（二）渗沥液水质特征

填埋层渗沥液的性质与填埋废物的种类、性质及填埋方式有关，主要取决于填埋场的使用年限和取样时填埋场所处的阶段。渗沥液的污染物浓度较高，要比污水高几十甚至上千个单位，成分复杂，含有毒、有害物质及重金属。COD从几千变化到几十万，BOD_5从数百变化到数万。水质、水量随垃圾的成分、季节、填埋时间、操作条件变化而变化。与污水相比，渗沥液的一个重要特征是水质、水量变化较大，营养比例失调，氨氮含量过高，重金属含量高。这就给渗沥液处理带来了困难。

（三）渗沥液处理现状

我国有两种途径处理垃圾渗沥液：第一种是异地处置，接入城市污水管网至污水处理厂进行处理；第二种是就地处置，在填埋场设置独立的渗沥液处置措施。如果渗沥液的产生量小于城市污水总量的0.5%，同时渗沥液带来的负荷增加在10%以下，那么与城市污水混合处理是可行的。我国大多数卫生填埋场离城区较远，所以一般对渗沥液进行单独处理。处理的方法主要有物理化学方法、生物处理方法和土地处理方法。

1. 物理化学方法

物理化学方法主要有活性炭吸附、蒸干法、化学沉淀、密度分离、化学氧化、化学还原、离子交换、膜渗析、汽提及湿式氧化等多种方法。和生物处理方法相比，物理化学方法不受水质、水量变化的影响，出水水质稳定，能较好地适应渗沥液水量、水质的变化。对BOD_5/COD介于0.07～0.20及含有毒、有害的难以生化处理的渗沥液，物理化学方法处理效果较好。在过氧化氢的总投加量为0.1mol/L时，COD的去除率可达67.5%。物理化学方法处理的效果稳定，对渗沥液的色度、氨氮、重金属离子的去除效果较好，但它的费用较高、操作复杂、能耗多。用化学沉淀法处理渗沥液时，每吨的费用在3.89～7.10元。

2. 生物处理方法

生物处理方法主要有好氧、厌氧及好氧–厌氧的结合。

好氧处理包括生物塘法、生物膜法、活性污泥法、生物转盘法和滴滤池法等。生物塘是一种利用天然或人工开挖的池塘进行废水处理的构筑物，它包括好氧塘和厌氧塘。厌氧塘允许接纳较高的有机负荷，但总体上生物塘有机负荷不高，不常用来直接处理高浓度的垃圾渗沥液，一般作为其他处理流程的最后一道工序。生物膜法对可生化性好的渗沥液有良好的去除效果，但不能适应渗沥液的冲击负荷，且运行过程中需要投加营养物质，产生的污泥需要后续处理。

厌氧处理的方式有厌氧生物滤池、厌氧接触法、上流式厌氧污泥床、分段厌氧消化法、厌氧塘等。厌氧生物处理适合处理高浓度的有机废水。其能耗较少，操作简单，占地面积少且污泥量少，反应过程中还可以产生能量，但是处理效果较差。

好氧-厌氧的结合。实际应用中，很少单独采用厌氧工艺或好氧工艺，常常将厌氧工艺和好氧工艺多次组合来处理垃圾渗沥液，以利用厌氧工艺和好氧工艺各自的优点。它包括厌氧-氧化沟-兼性塘工艺、厌氧-好氧生物氧化工艺、厌氧-气浮-好氧工艺、UASB-氧化沟-稳定塘工艺等。好氧和厌氧组合后的工艺对于处理高浓度的垃圾渗沥液是有效的。但是好氧-厌氧多级组合的建厂投资费和运行费用较高，处理时间较长，处理效果不太稳定。

3. 土地处理方法

土地处理是利用土壤自净能力进行处理的方法。由于土壤中含有大量的腐殖酸、富里酸、胡敏酸、微生物及植物根系等，加上土壤颗粒所具有的巨大的表面积和土壤上植物的吸收-蒸发作用，渗沥液流经土壤时，经过土壤的吸附、离子交换、沉淀、螯合等作用，渗沥液中的悬浮固体被除去；土壤中的微生物对溶解性的有机物进行吸收利用，并将有机氨氮转化为氨氮；植物利用渗沥液中的C、N、P等各种营养物质生长并通过蒸发作用减少渗沥液的量。

渗沥液的土地处理包括慢速渗透系统、快速渗透系统、表面漫流、湿地系统、地下渗滤土地处理系统及人工快滤处理系统等。目前，应用于渗沥液处理的主要有人工湿地和回灌法两种。

人工湿地是利用人为手段建立起来的，是具有湿地性质的污水处理系统。它是浮水或潜水植物及处于水饱和状态的基质层和微生物组成的复合体。湿地污水处理系统的微生物通过生化作用将水中可溶性的有机物、固体和胶体不溶性有机质（COD、BOD_5、N、P、重金属等污染物）转变成植物所需要的营养物质，并使微生物生长繁殖，从而降解污染物。用人工湿地来处理垃圾渗沥液具有费用低、管理方便等优点，但它随着季节变化较大，处理有机物的浓度较低。它适应植物生长期长、生长旺盛的南方地区，不适应北方寒冷地区。

回灌处理方法是20世纪70年代由美国的波兰德最先提出的，我国同济大学在20世纪90年代也开始对垃圾渗沥液回灌进行研究。

回灌就是将未经处理的渗沥液直接喷洒到填埋场表面，利用垃圾层、覆盖土层的净化作用和终场后表面植物的吸收、蒸发作用来处理垃圾渗沥液。其实质是把填埋场作为一个生物反应器，利用填埋场自身形成的稳定系统，使渗沥液在流经覆盖层和垃圾层时发生一系列的生物、化学、物理作用而被截流、降解，同时由于植物的蒸发作用而使渗沥液量变小。

回灌处理渗沥液具有设施简化、基建投资少、运行费用低、耐冲击负荷等优点。但是，它也存在着易造成土壤堵塞、对氨氮的去除效果不好等问题。一般来说，回灌处理后的渗沥液仍有较高的浓度，它很少单独作为渗沥液的处理工艺，经回灌处理的渗沥液还需要作进一步处理。

第五章 建筑垃圾处理技术

第一节 建筑垃圾概述

一、建筑垃圾的性质

建筑垃圾是指建设单位、施工单位新建、改建、扩建和拆除各类建筑物、构筑物、管网等,以及居民装饰装修房屋过程中产生的弃土、弃料和其他固体废物。建筑垃圾按照来源可分为土地开挖、道路开挖、旧建筑物拆除、建筑施工和建材生产垃圾五类。

建筑垃圾属于固体废物的一种,其性质与其他固体废物相似,具有鲜明的时间性、可再生性和持久危害性。

(一)时间性

时间性,一方面是指任何建筑物都有一定的使用年限,超过这个年限,所有的建筑物都会变成建筑垃圾;另一方面,现在所谓的垃圾仅仅是相对于现在的科技水平和经济条件而言的,随着时间的推移和科技的进步,越来越多的建筑垃圾都会转化为有用的资源。例如,废弃的混凝土块可作为生产再生混凝土的骨料;废屋面沥青料可回收用于沥青道路的铺筑;废竹木可作为燃料回收能量。

(二)可再生性

从再生利用的角度来看,一种建筑垃圾不能作为建筑材料直接利用,但是可以作为生产其他产品的原料而被利用。例如,废弃的混凝土块经过破碎后可以用作生产混凝土的骨料;废木料可作为生产黏土—木料—水泥复合材料的原料,生产出一种具有质量轻、导热系数小等优点的绝热黏土—木料—水泥混凝土材料;沥青屋面废料可回收作为热拌沥青路面的材料。

(三)持久危害性

建筑垃圾主要为渣土、碎石块、废砂浆、砖瓦碎块、混凝土块、沥青块、废塑料、废金属料、废竹木等的混合物,如不做任何处理直接运往建筑垃圾堆场堆放,堆放场的建筑垃圾一般需要经过数十年才可趋于稳定。垃圾中废砂浆、混凝土块含有水合硅酸钙和氢氧化钙，使渗滤水呈碱性；废石膏中的硫酸根离子会转化成硫化氢；废金属可使渗滤水中含有大量的重金属离子……上述这些因素会使周边的地下水、地表水、土壤和空气受到污染，而且受污染的地域还可能扩大至堆放地之外的其他地方。一般情况下，堆放的建筑垃圾要经过数十年才可趋于稳定，而即使建筑垃圾达到稳定化程度，不再释放有害气体，渗滤水不再污染环境，大量的无机物仍然会占用大量土地，并继续导致持久的环境问题。

二、建筑垃圾的分类和组成

（一）建筑垃圾的分类

按照来源分类，建筑垃圾可分为土地开挖、道路开挖、旧建筑物拆除、建筑施工和建材生产垃圾五类，主要由渣土、碎石块、废砂浆、砖瓦碎块、混凝土块、沥青块、废塑料、废金属料、废竹木等组成。混凝土与砂浆片占30%～40%（其中钢筋占6%～8%，粗骨料占15%～20%）、砖瓦占35%～45%、陶瓷和玻璃占5%～8%，其他占10%。

土地开挖废弃物：分为表层土和深层土。前者可用于种植，后者主要用于回填、造景等。

道路开挖废弃物：分为混凝土道路开挖和沥青道路开挖，包括废混凝土块、沥青混凝土块。

旧建筑物拆除废弃物：主要分为砖和石头、混凝土、木材、塑料、石膏和灰浆、屋面废料、钢铁和非铁金属等，数量巨大。

建筑施工废弃物：分为剩余混凝土、建筑碎料以及房屋装饰装修产生的废料。剩余混凝土是指工程中没有使用掉而多余出来的混凝土，也包括由于其他某种原因（如天气原因）暂停施工而未及时使用的混凝土。建筑碎料包括凿除、抹灰等产生的废弃混凝土、砂浆等矿物材料，以及木材、纸、金属和其他废料等类型。房屋装饰装修产生的废料主要有废钢筋、废铁丝和各种废钢配件、金属管线废料，废竹木、木屑、刨花，各种装饰材料的包装箱、包装袋，散落的砂浆和混凝土、碎砖和碎混凝土块，搬运过程中散落的黄沙、石子和块石等，其中，主要成分为碎砖、混凝土砂浆、桩头、包装材料等，约占建筑施工废弃物总量的80%。

建材生产废弃物：主要包括生产各种建筑材料所产生的废料、废渣，也包括建材成品在加工和搬运过程中所产生的碎块、碎片等。例如，在生产混凝土过程中难免产生的多余混凝土以及因质量问题不能使用的废弃混凝土，长期以来一直是困扰着生产混凝土厂家的棘手问题。经测算，平均每生产100m^3的混凝土，将产生

1～1.5m³的废弃混凝土。

此外，还可以根据建筑废弃物的主要材料类型或成分对其进行分类，据此可将每一种来源的建筑废弃物分成三类：可直接利用的材料、可作为材料再生或可以用于回收的材料，以及没有利用价值的废料。例如，在旧建筑材料中，可直接利用的材料有窗、梁、尺寸较大的木料等，作为材料再生的主要有矿物材料、未处理过的木材和金属，再生后其形态和功能都和原先有所不同。①

还有其他一些分类方法，如先将建筑废弃物按成分分为金属类（钢铁、铜、铝等）和非金属类（混凝土、砖、竹木材、装饰装修材料等）；按能否燃烧分为可燃物（非惰性物）和不可燃物（惰性物）。再将剔除金属类和可燃物后的建筑废弃物（混凝土、石块、砖等）按强度分类：标号大于C10（即抗压强度10MPa）的混凝土和块石，命名为Ⅰ类建筑废弃物；标号小于C10的废砖块和砂浆砌体，命名为Ⅱ类建筑废弃物。为了能更好地利用建筑废弃物，还进一步将Ⅰ类细分为ⅠA类和ⅠB类，将Ⅱ类细分为ⅡA类和ⅡB类（见表5-1）。

表5-1 各类建筑废弃物的分类标准及用途

大类	亚类	标号	标志性材料	用途
Ⅰ	ⅠA	≥C20	4层以上建筑的梁、板、桥	C20混凝土骨料
	ⅠB	C10～C20	混凝土垫层	C10混凝土骨料
Ⅱ	ⅡA	C5～C10	砂浆或砖	C5砂浆或再生砖骨料
	ⅡB	＜C5	低标号砖	回填土

（二）建筑垃圾的组成

不同结构类型建筑物所产生的建筑施工垃圾各种成分的含量不同，主要由土、渣土、散落的砂浆和混凝土、剔凿产生的砖石和混凝土碎块、打桩截下的钢筋混凝土桩头、废金属料、竹材、木材、装饰装修产生的废料、各种包装材料和其他废弃物组成，如表5-2所示。

建筑垃圾中，土地开挖垃圾、道路开挖垃圾和建材生产垃圾一般成分比较单一，其再生利用或处置比较容易。建筑施工垃圾和旧建筑物拆除垃圾一般在建设过程中或旧建筑物维修、拆除过程中产生，大多为混凝土、砖等固体废弃物。

①王炜杰，易鹏，毛君，等.城市垃圾焚烧飞灰利用处置技术研究[J].广州化工，2023，51（21）：98-100+126.

表5-2 不同结构形式的建筑工地中建筑施工废弃物的组成比例

废弃物组成	所占比例/%		
	砖混结构	框架结构	框架-剪力墙结构
碎砖(碎砌砖)	30～50	15～30	10～20
砂浆	8～15	10～20	10～20
混凝土	8～15	15～30	15～35
桩头	–	8～15	8～20
包装材料	5～15	5～20	5～15
屋面材料	2～5	2～5	2～5
钢材	1～5	2～8	2～8
木材	1～5	1～5	1～5
其他	10～20	10～20	10～20
合计	100	100	100

三、建筑垃圾的现状

建筑垃圾是我国城市垃圾的主要组成部分,占城市垃圾产生量的30%～40%。就目前的情况而言,我国大部分建筑垃圾都是在没有经过任何处理的情况下直接采用露天堆放或填埋的方式进行处理。这种处理方式一方面占用了大量宝贵的土地资源,也浪费了许多可以循环利用的短缺的建筑材料,另一方面在运输和处理的过程中给城市也带来了环境污染。

2020年前,我国对建筑垃圾管理的重要性虽已有所认识,但还没有引起足够的重视,没有建立完善的相关法律法规。部分大城市制定了地方性法规,例如,2002年4月1日起实施的《上海市市容环境卫生管理条例》是上海市市容环境卫生管理最直接的规范依据,条例中的第43条和第44条均对建筑垃圾的管理做出了明确规定。

2020年4月29日,新修订的《固体废物污染环境防治法》对建筑垃圾的管理给出了明确的规定,内容包括:县级以上地方人民政府应当加强建筑垃圾污染环境的防治,建立建筑垃圾分类处理制度;县级以上地方人民政府应当制定包括源头减量、分类处理、消纳设施和场所布局及建设等在内的建筑垃圾污染环境防治工作规划;国家鼓励采用先进技术、工艺、设备和管理措施,推进建筑垃圾源头减量,建立建筑垃圾回收利用体系;县级以上地方人民政府应当推动建筑垃圾综合利用产品应用;县级以上地方人民政府环境卫生主管部门负责建筑垃圾污染环境防治工作,建立建筑垃圾全过程管理制度,规范建筑垃圾产生、收集、贮存、运输、利用、处置行为,推进综合利用,加强建筑垃圾处置设施、场所建设,保障处置安全,防止污染环境;工程施工单位应当编制建筑垃圾处理方案,采取污染防治措施,并报县级以上地方人民政府环境卫生主管部门备案;工程施工单位应当及时清运工程施工过程中产生的建筑垃圾等固体废物,并按照环境卫生主管部门的规定进行利用或者处置;工程施工单位不得擅自倾倒、抛撒或者堆放工程施工过程中产生的建筑垃圾。这些规定为建筑垃圾的产生、分类、贮存、转运、处理与资源化等的管理提供了法律依据。

当前,我国建筑垃圾主要存在以下五个问题:①落后的施工管理、建筑材料和施工工艺技术导致产生大量建筑垃圾。②建筑垃圾分类收集程度低,绝大部分建筑垃圾是混合收集,增加了建筑垃圾资源化、无害化处理的难度。③规范处理建筑垃圾的意识淡薄。一些施工单位、运输单位及从业人员尚未形成建筑垃圾规范化处理意识,对随意性倾倒建筑垃圾的危害性认识不足。④建筑垃圾回收利用率低。全国缺少规模化大型建筑垃圾资源化处理企业,缺乏新技术、新工艺的开发能力。⑤建筑垃圾资源化的产业链不够完整,缺乏建筑垃圾资源化的推动机制。

四、建筑垃圾的危害

建筑废弃物具有数量大、组成成分种类多、性质复杂、污染环境的途径多、污染形势复杂等特点,可直接或间接地污染环境。同时,建筑废弃物对环境具有持久危害性。一旦建筑垃圾造成环境污染或潜在的污染变为现实,消除这些污染往往需要比较复杂的技术和大量的资金投入,耗费较大的代价进行治理,并且很难使污染破坏的环境完全复原。建筑废弃物对环境的危害主要表现在以下几个方面。

(一)污染土壤

随着城市建筑垃圾量的增加,垃圾堆放点也在增加,垃圾堆放场的面积也在逐渐扩大。此外,露天堆放的城市建筑垃圾在种种外力作用下,较小的碎石块也会进入附近的土壤,改变土壤的物质组成,破坏土壤的结构,降低土壤的生产能力。

(二)影响空气质量

建筑垃圾在堆放过程中,在温度、水分等因素的作用下,某些有机物质发生分解,产生有害气体;垃圾中的细菌、粉尘随风飘散,造成对空气的污染,少量可燃建筑垃圾在焚烧过程中会产生有毒的致癌物质,对空气造成二次污染。

(三) 污染水域

建筑垃圾在堆放和填埋过程中,由于发酵和雨水的淋溶、冲刷以及地表水和地下水的浸泡而渗滤出的污水,会造成周围地表水和地下水的严重污染。垃圾渗滤液内不仅含有大量有机污染物,而且还含有大量金属和非金属污染物,水质成分很复杂。一旦饮用这种受污染的水,将会对人体造成很大的危害。

(四) 破坏市容,恶化市区环境卫生

城市建筑垃圾占用空间大,堆放杂乱无章,与城市整体形象极不协调,工程建设过程中未能及时转移的建筑垃圾往往成为城市的卫生死角。混有生活垃圾的城市建筑垃圾如不能进行适当的处理,一旦遇雨天,脏水污物四溢,恶臭难闻,往往成为细菌的滋生地。

(五) 安全隐患

大多数城市建筑垃圾堆放地的选址在很大程度上具有随意性,留下了不少安全隐患。施工场地附近多成为建筑垃圾的临时堆放场所,由于只图施工方便和缺乏应有的防护措施,在外因素的影响下,建筑垃圾堆会出现崩塌,阻碍道路甚至冲向其他建筑物的现象时有发生。

五、建筑垃圾的收集与运输

事先应将垃圾进行分类,建筑工地垃圾主要分为剩余混凝土(工程中未用完的混凝土)、建筑碎料(凿除、抹灰等产生的旧混凝土、砂浆等矿物材料)以及木材、纸、金属和其他废料等类型。同时应将废料统一进行堆放,配备专业清运工人进行清运处理。

分类堆放应符合下列要求:①建筑垃圾可采取露天或室内堆放方式,露天堆放的建筑垃圾应及时苫盖,避免雨淋和减少扬尘;②建筑垃圾堆放区应至少保证3天的建筑垃圾临时贮存能力,如无专用提升设施,建筑垃圾堆放高度不宜超过3m;③建筑垃圾堆放区地坪标高应高于周围场地不小于15cm,堆放区四周应设置排水沟,满足场地雨水导排要求;④放置区应设置明显的分类堆放标志。

建筑垃圾运输单位必须经当地建筑垃圾管理部门核准,并应满足如下要求:运输车辆、船舶应有合法的行驶证,并通过年审;运输单位应具有当地主管部门颁发的准运证或营运证;具有建筑垃圾经营性运输服务资质。

建筑垃圾运输车辆应按核准的路线和时间行驶,并到核准的地点处理处置建

筑垃圾。具体要求如下:建筑垃圾运输车运行时间安排应避开交通高峰时段,以减少对交通的影响;建筑垃圾运输车辆的运输路线应由当地建筑垃圾主管部门会同交通管理部门规定;运输单位将建筑垃圾倾倒在核准的处理地点后,应取得受纳场地管理单位签发的回执,交送当地建筑垃圾主管部门查验。

建筑垃圾运输车辆形式和载重选择应符合以下要求:工程渣土运输宜采用载重大于8t的密封式货车;装修及拆迁垃圾运输宜采用载重5~15t的密封式货车;工程泥浆运输宜采用载重大于8t的密封罐车。

建筑垃圾运输车厢盖应采用机械密闭装置,开启、关闭时动作应平稳灵活,无卡滞、冲击现象。厢盖与厢盖、厢盖与车厢侧栏板缝隙不应大于30mm,厢盖与车厢前、后栏板缝隙不应大于50mm,卸料门与车厢栏板、底板结合处缝隙不应大于10mm。

建筑垃圾运输车辆应容貌整洁、外观完整、标志齐全。车辆车窗、挡风玻璃、反光镜、车灯应明亮,无浮尘、无污迹;车辆车牌号应清晰、无明显污渍,距车牌15m处应能清晰分辨车牌上的字迹;车厢厢体、厢盖外表面应光滑平整,无明显的凹陷和变形;车厢外部锈蚀或油漆剥落单块面积不得超过$0.01m^2$,总面积不得超过$0.05m^2$;车辆底盘无大块泥沙等附着物,轻轻敲打时,应无块状泥沙等污渍脱落;建筑垃圾装载高度应低于车厢栏板高度,装载量不得超过车辆额定载重;车辆装载完毕后,厢盖应关闭到位,并检查车厢卸料门锁紧装置,保证锁紧有效、可靠;车厢液压举升机构及厢盖液压、启闭机构的液压部件各结合面无明显渗漏;运输单位应定期对车辆进行维护和检测,保证车况完好。

同时,清理施工垃圾时应使用容器吊运,严禁随意凌空抛撒造成扬尘。施工垃圾要及时清运,清运时应适量洒水减少扬尘。易飞扬的废料尽量保持湿润,如露天存放应采用严密遮盖。运输和卸运时要防止遗撒飞扬。在清运过程中应注意安全。

建筑垃圾属于特殊垃圾,它的处理方式与其他垃圾处理方式的不同点在于以下几点:排放的单位必须提前向所在地城市环境卫生管理部门申报;必须采取专门方式单独收集,送往指定的专门垃圾处理处置场进行处理处置,如泥浆类垃圾应在专用的泥浆池中存放,通过吸污车运输;从收集到处理处置的过程,应由经专门培训的人员操作或由专业人员指导进行,严禁在专门处理处置设施外随意混合、焚烧或处置;建筑垃圾一般为无污染固体,国内一般采取填埋法处理,部分回收利用,少部分进行焚烧。

第二节　建筑垃圾的预处理

一、建筑垃圾的破碎

实际上任何一种破碎机械都不能只用一种方式来进行破碎，一般都是用两种或两种以上的方式联合起来进行破碎的，如挤压和弯曲、冲击和研磨等。在破碎物料时，究竟选用哪种方法比较合适，必须根据物料的物理性质、料块的尺寸及需要破碎的程度来确定。例如，对于硬质物料，采用挤压和冲击方式破碎；对于黏性物料，则采用挤压带研磨的方式破碎；对于脆性和软质材料，必须采用劈裂和冲击等方式破碎。

由于破碎方法不同而且处理的物料性质也有很大的差异，为适应实际工作的需要，破碎机型式是多种多样的。建筑垃圾处理中所用的破碎机，可按照它的作业对象或结构及工作原理来区分。按作业对象可分为三种：①粗碎机。用于大块物料的第一次破碎，能处理的最大物料块直径允许在1m以上，主要以压碎方法进行破碎。破碎比不大，一般小于6。②中碎机。处理的物料粒度通常不大于350mm，主要以击碎或压碎方法进行破碎。由于这一类破碎机通常包括细碎的作业在内，故破碎比较大，一般为3~20，个别可超过30。③细磨机。用于磨碎粒度为2~60mm的物料颗粒，其产品尺寸不超过0.1~0.3mm，最细可低于0.1mm，粉碎比能超过1000。

建筑垃圾破碎生产线主要由振动给料机、颚式破碎机、重型第三代制砂机、振动筛等多种专用设备组成。根据建筑废料的生产流程对建筑垃圾中的混凝土、废砖块、石头等进行处理加工，从而实现资源再利用。

建筑垃圾破碎生产线是在老锤式破碎机的基础上改进而来的，由两台锤式破碎机组合而成，合理地组成了一个整体。建筑垃圾粉碎机外观好看、实用性强，采用的是上下双级双转子粉碎的原理。

生产过程中对建筑垃圾中的混凝土、废砖块、石头等在颚式破碎机中进行简单的粗碎，接着进入建筑垃圾破碎机中进行细碎，然后进入振动筛进行筛分。合格的物料经由皮带输送机进入干式磁选机进行除铁处理，不合格的物料再次进入建筑垃圾破碎机进行破碎，从而形成闭路循环，保证材料的质量规格。[①]

①吴畏，薛向欣.城市垃圾安全处理与资源化利用[M].北京：冶金工业出版社，2021.

二、建筑垃圾的分选

建筑垃圾的分选是建筑垃圾处理的一种方法(单元操作),分选的目的在于选出可利用的资源和无用的废物。通过分选为接下来的处理工艺提供对应的原料,提高接下来处理工序的效率。区分有毒、有害垃圾和无毒、无害垃圾,并对有毒害的垃圾进行适当处置,以减少二次公害的发生。建筑垃圾的分选分为机械分选和人工分选。机械分选根据建筑垃圾中杂物在尺寸、磁性、比重等物理特性上的不同进行高效分离,主要包括筛选、风选、磁选、水力浮选等;人工分选主要针对无磁性金属、玻璃、陶瓷等一般机械手段难以分离的杂物。在建筑垃圾处理过程中,因其所含杂质种类繁杂,除杂过程往往是多种分选方法并用。

(一) 筛选

筛选是利用筛子上的网孔将建筑废弃物分离的机械分选方法,小于筛网孔的垃圾通过筛面落下,大于筛网孔的垃圾留在筛面上,等待再次加工,如筛网为两层,则可将垃圾分为三个细度。

(二) 风选

风选是重力分选的一种常用方法,其以空气为分选介质,在气流作用下对固体废物按比重和粒度大小进行分选,按气流作用的方向可分为吸风式和鼓风式两种。吸风式风选原理与除尘器类似,在建筑垃圾输送或筛分过程中设置吸风口,利用负压实现轻质物、细微颗粒等的分离,再经过旋风除尘器、布袋等实现杂物捕集。鼓风式风选的基本原理是气流能将较轻的物料向上带走或沿水平方向带向较远的地方,而重物料则由于上升气流不能支持而沉降,或由于惯性在水平方向抛出较近的距离,被气流带走的轻物料再进一步从气流中分离出来。根据目标分离物的不同,吸、出风口风速一般控制在15~50m/s。

(三) 磁选

建筑垃圾中的磁性物几乎全部为混凝土建筑结构中的钢筋,建筑物拆除后,裸露的废钢筋、较大体积的钢板、钢梁、地脚螺栓等可气割处理后人工分拣,包裹夹杂在混凝土块中的废钢筋则需要经过破碎处理后,通过磁选的方法实现分选。建筑垃圾磁选工艺一般安排在各级破碎工序之后,以跨带式磁选机与永磁滚筒磁选机相配合的磁选工艺最为常见。

(四) 水力浮选

建筑垃圾中混杂的废塑料、废木材、废纸张、加气混凝土等轻质物比重小于水,可利用其在水中的可浮性与混凝土、砖瓦等分选。区别于选矿行业的浮选工艺,建筑垃圾浮选并不需要添加浮选药剂改变可浮性,通过自然可浮性的差别即可实现分选。建筑垃圾从浮选设备中部进料，不可浮的重质物沉入浮选设备底部的输送装置上，由该输送装置向一侧运出，输送过程中一并沥水；轻质杂物浮于水面上，由上部的桨叶装置从浮选设备另一侧刮出。建筑垃圾浮选的特点是处理能力大、分选效率高、除杂效果好。但由于建筑垃圾中含有一定量的渣土，需要配套水循环系统，定期清除水中的泥沙。为避免泥沙快速堆积，进入浮选工艺的建筑垃圾原料中渣土含量不宜过高，且应粒度适中，因此，浮选前应进行初级破碎及渣土预筛分。同时，浮选应与人工拣选、风选、磁选等除杂工艺相配合，不宜承担过高的除杂负荷。

第三节　建筑垃圾的处理利用

一、建筑垃圾资源化利用概述

建筑垃圾资源化利用是指以建筑垃圾为原料，经工业加工形成产品，使其重新应用于建设工程的行为。目前主要有再生骨料、再生砖、再生无机混合料、再生骨料混凝土及砂浆制品等。

因此，建筑垃圾的资源化利用即采取有效管理措施和再生技术从建筑垃圾中回收有用的物质和能源。它包括三个方面的内容：①物质回收，即从建筑垃圾中回收一次物质。例如，从建筑垃圾中回收废塑料、废金属料、废竹木、废纸板等。②物质转换，即利用建筑垃圾制取新形态的物质。例如，利用废弃混凝土块作为生产再生混凝土的骨料，利用废屋面沥青料作为沥青道路的铺筑材料等。③能量转换，即从建筑垃圾处理过程中回收能量，生产热能或电能。例如，通过建筑垃圾中的废塑料、废纸板和废竹木的焚烧处理回收热量或进一步发电，利用建筑废弃物中的废竹木作为燃料生产热能等。建筑垃圾的资源化利用对生态文明建设意义重大。

联合国教科文组织于1971年发起了“人与生物圈计划”，该计划提出采用生态学的有关方法研究生态城市的规划建设。1984年，为了着手开展生态城市、生态小区的研究，我国也成立了中国生态学学会城市生态专业委员会，并取得了一些研究成果。基于生态建设的构想，1988年，第一届国际材料研究学会联盟提出了“绿色材料”的概念。人类社会从此进入了绿色时代，其核心是“保护自然、崇尚自然、促进可持续发展”。使用建筑再生产品，既可以满足人们对资源的需求，减少开采砂石等天然资源以及降低建筑垃圾对环境的污染，又能为子孙后代留下宝贵的财富，是解决资源短缺的有效途径。

建筑垃圾循环再生处理产生的建筑再生产品，能够满足世界环境组织提出“绿色”的三项意义：①节约资源、能源；②不破坏环境，更应有利于环境；③可持续发展，既可满足当代人的需求，又可满足不危害后代人发展能力的要求。因此，建筑再生产品是一种可持续发展的绿色建筑材料，具有生态可行性。

建筑垃圾资源化利用在技术上具有可行性。建筑垃圾资源化利用的核心技术内容是将建筑垃圾中的所有可再生的组成成分，通过相应的处理技术加工成各种材料，大幅度降低不可再生废弃物的排放量，形成良性循环，达到环境保护、节约资源、废弃物再生利用和经济合理等综合效果。技术的支撑是建筑垃圾资源化利用成为现实的首要条件。

根据国内外的经验，建筑垃圾经分拣、剔除或粉碎后，大多可以作为再生资源重新利用，其中有一部分可经综合处置后生成再生建筑原材料，重新用于城市建设；80%的挖槽土方可用于工程回填、铺设道路、绿地基质等；只有很小一部分的有害有毒弃料和装修垃圾暂时没有再生利用价值。

目前，建筑垃圾的处理技术主要包括三个部分，即建(构)筑物的拆除、回收与加工。在这三个方面，欧洲、美国、日本等均有成套设备，已投入生产运营多年。这些装备可进行建筑垃圾的初分、破碎、筛分和钢筋分离，按组分及粒度进行分类供使用。仅以德国为例，其土木工程废弃物的再生率已经超过60%，其建筑工程废弃物的再生率也已经超过40%。由此可见，德国建筑垃圾再生利用率已经达到了较高的水平。建筑垃圾是一种比较清洁的垃圾，可资源化程度很高。目前，国际上和我国有关建筑垃圾的再生处理已经有了很完善的处理方法。关于建筑垃圾的各个组分已经有了很明确的处理方式，在处理方式、设备选用以及工艺流程方面都有技术上的依据。因此，在技术层面，建筑垃圾的再生处理可以完全实现。①

二、建筑垃圾的再生利用

(一) 配制再生骨料混凝土

废砖、瓦、混凝土经破碎筛分分级、清洗后可作为再生骨料配制低标号再生骨料混凝土，用于地基加固、道路工程垫层、室内地坪及地坪垫层和非承重混凝土空心砌块、混凝土空心隔墙板、蒸压粉煤灰砖等生产。再生骨料组分中含有相当数量

①王爱勤，李春萍，王奕仁.建筑废弃物及污染物处置与综合利用[M].北京：中国建材工业出版社，2021.

的水泥砂浆，致使再生骨料孔隙率高、吸水性大、强度低。这些都将导致所配混凝土拌和物流动性差，混凝土收缩值、徐变值增大，抗压强度偏低，限制了该混凝土的使用范围。

（二）废砖的综合利用

建筑物拆除的废砖，如果块型比较完整且黏附砂浆比较容易剥离，通常作为砖块回收，重新利用。如果块型已不完整，或与砂浆难以剥离，其综合利用主要有两种渠道：①将废砖适当破碎，制成轻骨料，用于制作轻骨料混凝土制品；②将废砖破碎得较细，使最大粒度不超过5mm，其中小于0.1mm的颗粒不少于30%，然后与石灰粉混合，压力成型，蒸汽养护，形成蒸养砖。

该原料在制造有机彩砂时，将其磨细至0.08mm以下，即成为优良的调料。在塑料、橡胶、涂料中使用时，具有化学性质稳定、与高分子材料结合牢固、耐磨、耐热、绝缘等特点。

（三）生产环保型砖块

利用建筑垃圾中的渣土可制成土砖；利用废砖石和砂浆与新鲜普通水泥混合再添加辅助材料可生产轻质砌块；利用废旧水泥、砖、石、沙、玻璃等经过配制处理，可制成空心砖、实心砖、广场砖和建筑废渣混凝土多孔砖等，其产品与黏土砖相比，具有抗压强度高、抗压性能强、耐磨、吸水性小、质量轻、保温、隔音效果好等优点。

（四）用于夯扩桩

利用建筑垃圾（如平房改造下来的碎砖烂瓦、废钢渣、矿渣砖、碎石、石子等废物材料）为填料，采用特殊工艺和专门施工机具，形成夯扩超短异形桩，是针对软弱地基和松散地基的一种地基加固处理新技术。

用建筑垃圾夯扩超短异形桩施工技术采用旧房改造、拆迁过程中产生的碎砖瓦、废钢渣、碎石等建筑垃圾为填料，经重锤夯扩形成扩大头的钢筋混凝土短桩，并采用了配套的减隔振技术，具有扩大桩端面积和挤密地基的作用。单桩竖向承载力设计值可达500～700kN。经测算，该项技术较其他常用技术可节约基础投资20%左右。

（五）用于造景

对建筑垃圾筛选处理后，可进行堆砌胶结表面喷砂，做成假山等人造景观。

例如，天津市的南翠屏公园就是利用500万m^3建筑垃圾造山、造景而成。根据测算，工程建设后，在树木的生长季节每天可吸收二氧化碳35t，释放氧气26t，成为“城市之肺”。地块内的大面积林木成长后可使背风面的风速下降75%～85%，并能吸滞大量的尘埃，因此能防风治沙、净化空气，特别是对冬、春季的大风扬沙天气具有一定的缓解作用。另外,地块内的大面积绿化使该地区的绿化覆盖率达到50%,林木所蒸腾出的大量水分可使周边地区气温下降13%,湿度提高10%~20%,基本消除城市热岛效应。绿地内的部分针叶树还具有杀灭有害细菌的能力;由于绿地内林带宽度达到50m以上,可使噪声消减14~20dB。

(六)其他

旧建筑物拆毁之前或拆毁过程中,易拆除的门窗、砖、瓦经清理可重复使用;建设工程中的废木材,除了作为模板和建筑用材再利用外,还可通过木材破碎机弄成碎屑,可作为造纸原料或作为燃料使用,或用于制造中密度纤维板;废金属、钢料等经分拣后可送钢铁厂或有色金属冶炼厂回炼;废陶瓷洁具、瓷砖经破碎筛分、配料压制成型可生产烧结地砖或透水地砖;废玻璃分拣后可送玻璃厂或微晶玻璃厂作生产原料;基坑土及边坡土可送烧结砖厂生产烧结砖,碎石经破碎、筛分、清洗后可作混凝土骨料。

三、建筑垃圾的回填

建筑工程施工过程中,为了打桩或者进行地梁浇筑,必须将泥土挖到施工图设计的标高,待桩基处理或者地梁处理完成后,回填泥沙到设计标高,这一施工过程就叫回填。建筑垃圾回填是现有低洼地块或即将开发利用但地坪标高低于使用要求的地块,以建筑垃圾代替土方回填的方式。用于场地平整、道路路基的建筑垃圾应根据使用要求,破碎后利用矿选设备选出可利用填充物回填利用,用于洼地填充的建筑垃圾可不经破碎直接回填利用。

根据《建筑地基基础工程施工质量验收标准》(GB 50202—2018),在进行土方回填时应满足以下要求:①土方回填前应清除基底的垃圾、树根等杂物,抽除坑穴积水、淤泥,验收基底标高,如在耕植土或松土上填方,应在基底压实后再进行;②对填方土料应按设计要求验收后方可填入;③填方施工过程中应检查排水措施,每层填筑厚度、含水量控制、压实程度,填筑厚度及压实遍数应根据土质、压实系数及所用机具确定。

因此,《建筑地基基础设计规范》(GB 50007—2011)中说明,建筑垃圾或稳定的工业废料均质性和密实度较好时,可以利用作为持力层,而含有机质较多的生活垃圾未经处理,不宜作为持力层。也就是说,建筑垃圾在一定条件下是可以用作回填材料的。

建筑垃圾回填的要求包括:计算垃圾中的有机质或容易腐烂的木竹(或容易变形的瓶罐)大致比例;确定建筑形体差异大小,判断是否易于压实;垃圾中的异物是否容易清理或处理;确认回填的具体部位。

建筑垃圾具有高强度、高硬度、冲击韧性强、耐磨性好、耐水性好等优良特性,同时具有较好的物理及化学稳定性,性能已超过黏土、粉性土、砂土及石灰土。由于建筑垃圾具有遇水不冻胀、不收缩的良好透水特性,颗粒较大、含薄膜水少、比表面积小、不具备塑性,且建筑垃圾与其他建筑材料相比还具有质量好、数量多且成本低的优良特点,常被应用于公路、广场及城市道路等工程的建设中,将其作为强度和水稳定性高的路基建筑材料是明智之举。

建筑垃圾土由骨料及土两部分构成,其主要来源是市政工程、房地产工程等建设中产生的水泥混凝土及砖块等废弃物骨料,具有良好的坚硬性、吸水性及抗压强度,其抗压强度是碎石的一半,可代替碎石作为骨料进行路基回填,山皮土来自建设场地的原状土体。建筑垃圾土有如下缺点:粗集料强度变化较大,分布不均,且总体强度偏低;粗集料粒径变化大,超大颗粒含量较高;山皮土中含有表层杂填土,且植物根系腐殖质含量较高,不利于道路工程施工;建筑废渣和土混杂,级配很差,粗细集料的比例不稳定。然而,虽然建筑垃圾土有以上不良特性,但仍具备建筑路基材料基本特性,可通过调整其与良性土的掺加比例,有效地将其运用于路基回填工程。这样就地取材的施工方法,不仅控制了工程的成本,同时也为降低建筑废料环境污染作出了贡献。

回填的优势:充分地利用了建筑垃圾,节约施工的成本,就地利用回填材料,解决了施工、现场的部分垃圾,同时还减少了清运建筑垃圾的问题,节约了社会资源。

四、建筑垃圾的受纳

建筑垃圾受纳的目的是使建筑物本身及其所处环境在一定情况下能够维持整洁、尽可能少地受到建筑垃圾的污染,而此类垃圾到了垃圾受纳场后能够第一时间进行分类、处理、回收,对城市建设有着莫大的作用。随着工程建设的不断加快,建筑垃圾的产生量也在高速增长,在未来较长的时间内,受纳处置仍是我国建筑垃圾的主要处置方式之一。

建筑垃圾受纳场即为建筑垃圾填埋场。受纳场受纳新建、改建和拆除各类建筑物、构筑物、管网以及装修房屋等施工活动中产生的废弃砖瓦、混凝土和建筑余土等建筑废弃物,不得受纳工业垃圾、生活垃圾或者有毒有害、易燃易爆等危险废物,并应采取有效措施防止建筑垃圾污染周围环境,主要包括预处理系统、填埋区和渗滤液处理系统等设施。

五、工程实例

在北京环球主题公园土方填垫工程中，建筑垃圾变废为宝，杂填土被处理为高品质的再生骨料和优质还原土，并进行回填，是国内首个杂填土资源化处置项目，有180万m^3的杂填土可实现回填。

北京环球主题公园土方填垫工程，主要是对4km^2的土地进行场地清表、开挖、填筑并完成场地雨水排放设施、场地水土保持设施等施工，是整个工程建设的第一步。根据前期地质勘测，在这4km^2范围内，共有约250万m^3杂填土。这些杂填土由土壤和深埋地下的建筑垃圾及其他固体废弃物、杂草混合而成，无法满足北京环球主题公园对场地承载力、总沉降、压实度等指标的要求。挖出这些杂填土后，如果采用传统方式填埋或者堆放处理，需要在35个足球场上堆10m高才能全部消纳。运输过程中，又会造成道路遗撒、交通拥堵、尾气污染等问题。同时，因为挖出的土方量巨大，很难找到足够的素土土源进行换填。

面对一系列难题，北京建工资源公司为北京环球主题公园项目“量身定制”了一个在国内从未实施过的解决方案：通过在施工现场建设临时处置生产线，形成杂填土原位处置能力，杂填土不用外运，在现场就地通过对建筑垃圾的破碎和杂质分选，生成再生骨料和还原土，然后再用于场地内的土方回填。

项目团队进行了数百次的回填试验，分别填垫天然素土和将杂填土进行资源化处置后形成的还原土、再生骨料。经权威第三方检测机构测试，还原土和再生骨料填垫的地块承压能力达到160kPa以上，并且各项指标都优于天然素土，完全满足了北京环球主题公园的高标准建设要求。工程预处理线的日处理能力达到1.9万m^3，建筑垃圾资源化处置线日处理能力达到2000m^3，对杂填土的资源化率达到97%，相当于节省了260多亩（约173333m^2）的填埋土地资源。

此外，为避免对环境造成二次影响，对杂填土进行处置的整个过程采取了高标准的除尘降噪措施，工艺设备全封闭，并在粉尘点配置了布袋除尘系统，为破碎设备配备隔音房，通过现场实时分贝探测器检测现场工作环境的任何响动，经验丰富的现场管理人员通过噪声超出标准的异常变化便可以判断设备该如何进行调整。

第六章 电子垃圾处理技术

第一节 电子垃圾概述

一、电子垃圾的概念及特性

废弃电子产品俗称“电子垃圾”。一般认为,废弃电子产品主要包括各种使用后废弃的电脑、通信设备、电视机、电冰箱、洗衣机等电子电器产品。

电子垃圾具有危害性。电子垃圾种类繁多,成分复杂,含有多种有毒有害物质,如二噁英类、多种重金属及其化合物等。如果随意堆弃填埋、自由回收或采用不当的工艺技术和设备对其进行处理和处置,其中的有毒有害物质就会进入水、土壤和大气中,给人类的生存环境及人体健康造成潜在的、长期的危害。

电子垃圾具有有价性。电子废物中含有许多可以资源化利用的材料,如各种塑料可以直接回收利用,金属、贵重金属和稀有金属可以提纯利用,树脂纤维材料可以再生利用等。电子废物中蕴含的金属,尤其是贵金属,其品位是天然矿藏的几十倍甚至几百倍,回收成本一般低于开采自然矿床。因此,电子废物的回收利用具有明显的社会效益和经济效益。

电子废物的来源包括现在的产生和之前的积累,这主要是当今科技的快速发展与应用普及和相应的处理技术管理体系不完善导致的。一方面,科技产品的普及和更新换代使得我国的电子产品产生量进入喷发期,我国巨大的电子消费市场也必然预示了随之而来的巨大的电子废物产生;另一方面,企业和民众的环境保护观念落后,技术管理不完备,导致回收处理率十分低下,而且处理手段落后,尽管完成了回收利用,但并没有有效地避免污染。除此之外,电子废物的另外一个显著特点是跨境转移的现象更为普遍,转移量更大,西方发达国家将这些废物运往拆解成本低的发展中国家,牺牲经济发展较落后国家的环境。这个特点在其他固废种类中是很少见的,也在一定程度上说明其资源蕴含量是很大的。[①]

废弃电子产品种类繁多,所含材料成分复杂。一般根据废弃电子产品大小的

①朱鹏.城市废弃物的资源化利用[M].北京:人民出版社,2023.

分类较多,也有根据用途分类或按所用材料分类的方法。在特殊情况下,还可以按废弃电子产品对生态环境的危害来分类。

电冰箱:冷藏冷冻箱(柜)、冷冻箱(柜)、冷藏箱(柜)及其他具有制冷系统,消耗能量是以获取冷量的隔热箱体(容积≤800L)。

空气调节器:整体式空调器(窗式、穿墙式等)、分体式空调器(挂壁式、落地式等)、一拖多空调器等制冷量在14000W及以下(一拖多空调时,按室外机制冷量计算)的房间空气调节器具。

吸油烟机:深型吸排油烟机、欧式塔型吸排油烟机、侧吸式吸排油烟机和其他安装在炉灶上部,用于收集、处理被污染空气的电动器具。

洗衣机:波轮式洗衣机、滚筒式洗衣机、搅拌式洗衣机、脱水机及其他依靠机械作用洗涤衣物(含兼有干衣功能)的器具(干衣量≤10kg)。

电热水器:储水式电热水器、快热式电热水器和其他将电能转换为热能,并将热能传递给水,使水产生一定温度的器具(容量≤500L)。

燃气热水器:以燃气作为燃料,通过燃烧加热方式将热量传递到流经热交换器的冷水中以达到制备热水目的的一种燃气用具(热负荷≤70kW)。

打印机:激光打印机、喷墨打印机、针式打印机、热敏打印机和其他与计算机联机工作或利用云打印平台,将数字信息转换成文字和图像并以硬拷贝形式输出的设备,包括以打印功能为主,兼有其他功能设备(印刷幅面<A2,印刷速度≤80张/分钟)。

复印机:静电复印机、喷墨复印机和其他用各种不同成像过程产生原稿复印品的设备,包括以复印功能为主,兼有其他功能的设备(印刷幅面<A2,印刷速度≤80张/分钟)。

传真机:利用扫描和光电变换技术,把文字、图表、相片等静止图像变换成电信号发送出去,接收时以记录形式获取复制稿的通信终端设备,包括以传真功能为主,兼有其他功能的设备。

电视机:阴极射线管(黑白、彩色)电视机、等离子电视机、液晶电视机、OLED电视机、背投电视机、移动电视接收终端及其他含有电视调谐器(高频头)的用于接收信号并还原出图像及伴音的终端设备。

监视器:阴极射线管(黑白、彩色)监视器、液晶监视器等由显示器件为核心组成的图像输出设备(不含高频头)。

微型计算机:台式微型计算机(含一体机)和便携式微型计算机(含平板电脑、掌上电脑)等信息事务处理实体。

移动通信手持机:GSM手持机、CDMA手持机、SCDMA手持机、3G手持机、4G手持机、5G手持机等设备。

电话单机:PSTN普通电话机、网络电话机(IP电话机)、特种电话机和其他通信中实现声能与电能相互转换的用户设备。

二、电子垃圾的危害

(一) 污染环境

电子垃圾是毒物的集大成者。通常,制造一台个人电脑需要耗用700多种化学原料,而这些原料一半以上对人体有害。例如,一台15英寸(38.1cm)的CRT电脑显示器就含有镉、汞、六价铬、聚氯乙烯塑料和溴化阻燃剂等有害物质。

电视机、电冰箱、手机等电子产品也都含有铅、铬、汞等重金属。如机壳塑料和电路板上含有溴化阻燃剂,显示器、显像管和印制电路板里含有以硅酸盐形式存在的铅元素,电路板上的焊料为铅锡合金,半导体、贴片电阻、电池和电路板中含有镉,而铁质机箱、磁盘驱动器中含有铬,开关、磁盘驱动器和传感器中含有汞,电池中含有镍、锂、镉和其他金属,电线和包装套含有聚氯乙烯等。其中有不少有害物质,一旦进入环境将对水源、土壤产生难以估计的危害,如果不妥善处理,或者仅仅作为一般的电子垃圾直接埋在土壤中,其所含的铅等重金属就会渗透污染土壤和水质,经植物、动物及人的食物链循环,最终造成中毒事件。进行焚烧处理,则会释放出二噁英等大量有害气体,最终形成酸雨。另外,激光打印机和复印机中的碳粉也是导致从事打印和复印工作人员肺癌发病率升高的元凶。

(二) 信息泄露

在一些废弃硬盘中,有的还存在着大量未经删除的个人信息,这些信息包括电子邮件地址、银行账户、个人或者公司的文件等;有些硬盘上的信息即使被删除,也能够轻易地用反删除命令进行恢复,即使对硬盘进行格式化,也不能确保硬盘的数据被完全清除。因此,一旦信息被泄露,损失难以估计。

(三) 浪费资源

在各种电子垃圾中,电路板的回收不仅在数量上占有巨大的份额,而且其蕴含的经济价值也是巨大的。电路板中的贵金属含量远远高于天然矿石的工业品位。例如,可以从手机锂电池中回收锂,可以从电脑的中央处理器、散热器、硬盘驱动器等回收铜、银、黄金、铝等贵重金属,就是电脑外壳、键盘、鼠标中也含有铜和塑料,重新加工后可制作水管和笔座,甚至连电源线也可成为家具或者平底锅的材料。其他电子垃圾中也蕴含着巨大的经济价值,如空调、冰箱,其外壳、制冷系统有着成分比较单一的铁、铝、铜、塑料等，其自动控制系统是电路板，所含成分和个人电脑中的线路板几乎相同，所以其价值也相差无几。其他诸如取暖器具、清洁器具、厨房器具、整容器具、熨烫器具等电子器具中同样含有大量的铁、塑料等。因此，回收利用这些电子垃圾不仅可以减少其对环境的威胁，而且可以充分利用资源。

三、电子垃圾的收集运输

电子垃圾收运是垃圾处理系统中一个重要的环节，其费用占整个垃圾处理系统的60%～80%。电子垃圾收运的原则如下：在满足环境卫生要求的同时，收运费用最低，并考虑后续处理阶段，使垃圾处理系统的总费用最低。因此，科学合理地制订收运计划是非常关键的。

随着城市居民电子水平的提高、社会经济的发展、电子节奏的加快，对电子垃圾收集方式的要求也越来越高，既要求收集设施与环境协调，又要求收集方式方便、清洁、高效。对电子垃圾的短途运输要求做到封闭化、无污水渗漏运输、低噪声作业，外形清洁、美观，提高车辆的装载量，以实现满载、清洁、无污染的垃圾收集运输。

电子垃圾的产生量具有一定的可变性和随机出现的特点。电子垃圾收集方式与生活垃圾类似，主要分为混合收集和分类收集两种类型。

混合收集是指未经任何处理的原生电子废物混杂在一起的收集方式，应用广泛，历史悠久。它的优点是比较简单易行，运行费用低，但这种收集方式将全部电子垃圾混合在一起收集运输，增大了电子垃圾资源化、无害化的难度。

分类收集是指按城市电子垃圾的种类进行分类的收集方式。这种方式可以提高回收物资的纯度和数量，减少需要处理的工作量，有利于电子垃圾的资源化和减量化，并能够较大幅度地降低运输及处理费用。

第二节　电子垃圾的处理

以环境保护为目的的发达国家电子废物处理有三种方式：①再利用，包括直接的使用或在原设备上稍做改动后再使用，但再利用的废旧电脑占比很小，约为3%；②填埋或焚烧，是电子垃圾处理最重要的一种方式；③向发展中国家出口，多数发达国家以援助等名义向发展中国家出口淘汰的电子产品。

电子垃圾的资源化利用技术主要按回收物资分类，其中：电路板可使用机械处理技术、热处理技术、化学处理技术提取其中的金属；金属部件可使用化学处理技术、热处理技术回收；塑料可使用机械处理技术回收；玻璃可使用化学处理技术、热处理技术回收。

一、电子垃圾的机械处理

虽然电子垃圾潜在价值非常高，但由于含有大量有毒、有害物质，要想实现电子垃圾的无害化和资源化，需要先进的技术和设备。实现电子垃圾各组分的分类富集首先要进行机械处理，机械处理包括拆解分离和破碎分选。

（一）拆解分离

电子垃圾若采取不合适的拆解方法，有毒有害物质就会释放出来造成环境污染，对人类健康造成危害。因此，采用科学的拆解方法和拆解工艺是非常必要的。按回收的物质种类进行分类，可以将这些电子垃圾分为电路板、金属件、塑料、玻璃和其他需要特殊处理的物质。在拆解过程中应该遵循将电子垃圾拆解成可以进行各种物质回收状态的原则。拆解过程中，还要把能提前拆分的物质尽可能提前拆分，这是因为，从混合物料中分离纯物质的成本随着混合物料种类的增加而增加。手工拆解是最为灵活有效的拆解办法，借助辅助工具对电子垃圾进行拆解可确保材料组成得到尽可能的分离，进而简化后续有关材料的分离富集处理过程，提高分离效率。对拆解件进行分拣分类，使有价元器件直接回用，并对有毒有害部件进行专门处理，其余部分分类收集并送至相关工序做回收处理。

不同电子垃圾的结构特点和材料组成不同，在对其进行拆解时必须结合其组分特点给予相应的处理。针对空调、冰箱、冰柜等含有有毒有害氟利昂制冷剂的废旧家电产品，首先要吸取制冷剂，然后再进行拆解分离处理；洗衣机的拆解相对比较简单，没有特殊物质需要处理，其处理过程属于一般机电设备的拆解。对于含硒鼓和墨盒的设备，包括打印机、复印机、传真机等，因墨盒、硒鼓具有危害性，在处理过程中应予以特别重视。电脑显示器分为显像管与液晶显示器两大类，其材料特性不同，对应的拆解工艺也有所不同。对于显像管类显示器和电视机，要分离出阴极射线显像管后再进行分类处理；对于液晶显示器，其中用于密封连接的液晶物质被认为是可致癌或促进致癌的物质，需要拆解后进行无害化处理。①

一般来说，电子垃圾经过人工拆解后，基本上可以得到五大类材料组分，如表6-1所示，其中电路板、显示器等的回收处理是电子垃圾资源化的技术关键。

①刘芃岩，郭玉凤，宁国辉，等. 环境保护概论[M]. 北京：化学工业出版社，2024.

表6-1 废弃电子产品拆解组分及处理方式

拆解组分分类	来源	处理方法
大块金属件	电脑、冰箱、洗衣机、复印机等外壳	压实、包装送至专业冶炼厂或切割成产品
塑料件	电视机、打印机、洗衣机、冰箱、空调机等	热塑性塑料可熔融造粒再生,热固性塑料经粉碎后可制成再生材料
电机、压缩机	电子产品	维修回用或送冶炼厂
电路板、电线等	各类电子电器产品	破碎分选提炼
显示器	电脑、电视	拆解、分离

（二）破碎分选

对于电子垃圾的金属与塑料的连接体来说,如果不能在拆解分离工序中分离或者分离效率不高,那么物理破碎和分选是实现其资源化的理想途径。各种材料尽可能充分地单体解离是高效率分选的前提,但提高破碎比会造成破碎设备过高的能源消耗。

电子垃圾的破碎技术必须根据电子垃圾本身的特点来决定。例如,对于热塑性外壳来说,普通的冲击式破碎机即可将其中的塑料和金属解离;而对于废弃电路板来说,由于其特殊的结构和组成,热固性树脂材料韧性大、不易解离,需要采用低温破碎等特殊的破碎工艺。

对废弃电路板来说,破碎颗粒的粒径是非常关键的。废弃电路板的形状为扁平形,由玻璃纤维、树脂和金属等多种成分组成。由于金属具有较高强度,玻璃纤维具有脆性,树脂具有韧性,三者层压黏结,破碎解离的难度相对较大。废弃电路板具有较强的抗剪切性能,要想将废弃电路板充分破碎,达到理想的破碎效果,需要采用剪切和冲击联合的破碎方式,即“粗碎+细碎”模式。

机械破碎分选是分离废弃电路板中的金属与非金属普遍采用的技术。它将废弃电路板破碎成细小颗粒,然后根据其材料物理性质的差异对不同成分进行分离,主要包括破碎、分选等处理工艺。破碎的目的是使废弃电路板中的金属尽可能地单体解离,以便于提高分选效率。破碎的方法很多,主要有冲击破碎、剪切破碎、挤压破碎、摩擦破碎,此外还有低温破碎和湿式破碎等。常用的破碎设备主要有锤碎机、锤磨机、切碎机和旋转破碎机等。分选是指依据废弃电路板中材料的磁性、电性和密度等物理性质的差异实现不同组分的分离。

回收工艺主要包括两级破碎、静电分选、金属回收和非金属材料的再利用。首先采用剪切式旋转破碎机和冲击式旋转磨碎机相结合进行一级破碎和二级破碎，达到金属和非金属充分解离的程度，然后对已破碎的废弃电路板进行金属颗粒与非金属颗粒的静电分选。

现有的机械破碎分选法着重回收废弃电路板金属，没有全面考虑其中有机树脂、玻璃纤维等材料的无害化资源化处理。此外，由于废弃电路板韧性强、硬度高，细碎过程能量消耗很大，而且粉碎很严重。破碎时部分机械能转化为热能，导致有机树脂燃烧产生有毒有害气体，而且细粉碎减小了玻璃纤维的粒度，加上某些金属与非金属包裹粘连，限制了非金属的利用。细粉碎已成为废弃电路板资源化的“瓶颈”。德国戴姆勒-奔驰研发中心提出的液氮冷冻破碎虽然解决了这一问题，但冷冻使流程变得复杂，大大增加了投资与运行的成本。

二、电子垃圾的化学处理

电子垃圾的化学处理也称湿法处理，将破碎后的电子垃圾投入酸性或碱性的液体中，浸出液再经过萃取、沉淀、置换、离子交换、过滤以及蒸馏等一系列的过程最终得到高品位的金属。但在化学处理的过程中要使用强酸和剧毒的氰化物等，会产生大量的废液并排放有毒气体，对环境产生的危害较大。

三、电子垃圾的火法处理

火法处理是将电子垃圾焚烧、熔炼、烧结、熔融等，去除塑料和其他有机成分富集金属的方法。火法处理也会对环境造成严重的危害。从资源回收、生态环境保护等方面来看，这些方法都难以推广。

电子垃圾是一种潜在危害大的污染物，同时也是宝贵的二次资源。应当采用高效的方法实现电子废物的回收利用，同时也应注重避免造成二次污染。机械处理技术能实现电子废物资源的清洁无害化分离回收，是当今也是将来最有潜力的方法之一。从资源回收、生态环境保护等方面来看，化学处理及火法处理都难以推广。当前我国的电子垃圾回收处理技术还处在起步阶段，需要政策扶持，更需要有适合我国国情技术的开发和推广。

参考文献

[1] 白建松.关于城市生活垃圾数字化管理优化研究[J].智能建筑与智慧城市,2024,(3):186-188.

[2] 陈昆柏,郭春霞,杨春平,等.工业固体废物处理与处置[M].郑州:河南科学技术出版社,2017.

[3] 代峰.城市生活垃圾资源化处置过程优化配置研究[M].武汉:武汉大学出版社,2023.

[4] 冀海波.城市生活垃圾分类处理[M].石家庄:河北科学技术出版社,2013.

[5] 蒋利,李玉梅.环境监测与生态环境保护研究[M].长春:吉林科学技术出版社,2024.

[6] 刘建伟,李汉军,田洪钰.生活垃圾综合处理与资源化利用技术[M].北京:中国环境科学出版社,2018.

[7] 刘芃岩,郭玉凤,宁国辉,等.环境保护概论[M].北京:化学工业出版社,2024.

[8] 卢洪波,廖清泉,司常钧.建筑垃圾处理与处置[M].郑州:河南科学技术出版社,2016.

[9] 陆健,毛达.垃圾分类与多元共治 中国实践与国外经验[M].北京:中国环境出版集团,2023.

[10] 马立南.城市生活垃圾处置和利用技术分析[J].清洗世界,2021,37(12):132-133.

[11] 王爱勤,李春萍,王奕仁.建筑废弃物及污染物处置与综合利用[M].北京:中国建材工业出版社,2021.

[12] 王京敏,尉立华,马保民,等.固体废物管理标准化助推“无废城市”建设[J]中国标准化,2024,(10):102-106.

[13] 王罗春,蒋路漫,赵由才.建筑垃圾处理与资源化[M].北京:化学工业出版社,2018.

[14] 王炜杰,易鹏,毛君,等.城市垃圾焚烧飞灰利用处置技术研究[J].广州化工,2023,51(21):98-100+126.

[15] 王艳，万金泉．生态与环境保护概论[M]．北京：化学工业出版社，2024.
[16] 吴畏，薛向欣．城市垃圾安全处理与资源化利用[M]．北京：冶金工业出版社，2021.
[17] 徐宝贤．2019 垃圾分类市民读本[M]．北京：文化发展出版社，2023.
[18] 轩亮．生活垃圾智能分类与分类清运新模式在智慧城市管理中的应用[M]．武汉：武汉理工大学出版社，2023.
[19] 杨阳．生态环境保护问题的国际进程与决策选择[M]．太原：山西经济出版社，2024.
[20] 杨治广．固体废物处理与处置[M]．上海：复旦大学出版社，2020.
[21] 张国徽．生态文明框架下的中国特色垃圾分类[M]．沈阳：辽宁科学技术出版社，2023.
[22] 朱鹏．城市废弃物的资源化利用[M]．北京：人民出版社，2023.